Product Management for UX People
From Designing to Thriving in a Product World
By Christian Crumlish

JN086820

UX実践者のための
プロダクトマネジメント入門

クリスチャン・クラムリッシュ｜著

及川卓也｜監訳　ヤナガワ智予｜翻訳

BNN
BugNewsNetwork

推薦の言葉

「この本は、UX からプロダクトへのキャリアチェンジを考えている人に是非読んでもらいたい一冊です。あなたが選択する道の先で得られるもの（意思決定権）、そして失うもの（理想と純粋さ）について、多くを教えてくれています」

—— エレン・チサ
Boldstart Ventures 客員起業家部長

「プロダクトマネジメントとUXのベン図を、実際のプラクティスを基にわかりやすく解説してくれる本がついに登場した」

—— ハ・ファン
元UXデザイナーのプロダクト担当ディレクター

「クラムリッシュをはじめ、プロダクト開発のビジネス面に精通した専門家たちの知恵が詰まった本書は、UXデザイナーが PM に何を期待すべきかを説き、PMを目指す人の背中を押す一冊である」

—— ピーター・ボースマ
Miro DesignOpsマネージャー

「クリスチャンは、UXのプロがプロダクトマネジメントの世界でスムーズに歩み活躍するための道を照らしてくれる。本書は、真剣にUXに取り組む人の必読書だ」

—— クレメント・カオ
CEO兼プロダクト指導者

「これまで、UXからプロダクトに移行することの複雑さだけでなく、その相乗効果について深く考察した本はほとんど存在しなかった。本書は、この2つの視点から両分野を詳しく紹介し、各スキルの持つ意味や、学びの機会にどこで出会えるかをわかりやすく示すロードマップである」

—— B・ペイグルス＝マイナー
プロダクト／ソートリーダー

Product Management for UX People
From Designing to Thriving in a Product World
by Christian Crumlish

Original English language edition published by
Rosenfeld Media, LLC. ©2022 by Christian Crumlish.

Japanese edition copyright ©2024 by BNN, Inc.
All rights reserved.
Copyright licensed by Waterside Productions, Inc.,
arranged with Japan Uni Agency.

Printed in Japan

私の北極星、ブリッグスに捧ぐ。君がいれば、どんなことだって叶えられる。

本書の使い方

主に次のような人に、この本を読んでいただきたい。

- プロダクトマネジメント（またはそのほかのプロダクトのリーダーシップポジション）へのキャリアチェンジを考えているUX担当者およびマネージャー
- 現在プロダクトチーム内で働いていて、その環境下で自分の能力を最大限活かす方法を学びたいUX担当者
- 共に働くUX担当者のことをもっとよく理解し、彼らが貢献すべき分野は何か、どうすれば彼らの才能をフルに引き出すことができるかを知りたいプロダクトマネージャーまたはプロダクトリーダー

もしあなたがUXのプロフェッショナルで、プロダクトマネジメントに興味があるのなら、本書を読むことで、あなたが持つUXのスキルがプロダクトの役割にどう適用するかを知ることができるだろう。そうして得た数々の洞察は、プロダクトのキャリアへ舵を切るべきかどうかの見極めに役立つはずだ。また、プロダクトマネージャーの世界観や優先事項への理解が深まり、彼らとより良い協働関係を築くには何が必要か、健全かつ能率的なプロダクト開発チームを構築するにはどうすればよいのかを学習することができる。

プロダクトマネジメントの仕事とUXの仕事を比較しプラス面とマイナス面を純粋に評価することは、プロダクトの役割が本当にあなたの望むキャリアアップや成長をもたらすのかを熟考する機会にもなる。

もしあなたがまだ、将来のキャリアを決めかねているのなら、本書を読み終わるころにはきっと、自分が本当に進みたい方向性が見えてくるだろう。もしもプロダクトマネージャーかリーダーになるぞと決意を固めたのなら、この本にはキャリアの移行を準備し実行に移すためのレシピがたくさん詰まっている。

すでにプロダクトマネージャーかテクニカルプロフェッショナルとして働いている？それならば、UXのデザイナーやマネージャーの視点や思考を理解し、彼らとの関係性を向上させ強力なプロダクトチームを作るためのノウハウを、本書を通して身につけていただけたら幸いだ。

本書の内容

　本書は、プロダクトマネジメントとは何か、そしてプロダクトマネージャーとは何をする人かについて解説した本である。プロダクトマネジメントという仕事が本当に自分のやりたいことなのかを見極めたい人に役立つ内容となっている。あなたが苦労して習得したUXスキルのうち、どのスキルがプロダクトへの移行にプラスになるのか、またこの2分野間のギャップとは何かを明らかにしていく。

　プロダクトマネージャーは、どのようにエンジニアと協力し、またビジネスの成果に責任を持つのか。どのようにデータや指標を扱い、実験を行い、収益を最適化し、金銭を扱うのか。その答えもすべて、本書の中に見つけることができる。

　また、プロダクトとUXの実践者と彼らのチームが効果的に連携し合うために必要なこと、競合する優先事項のあいだで難しい選択を行う方法、そして上司を含めたステークホルダーに対する「ノー」の伝え方を解説。最後に、プロダクトマネジメントのリーダーシップがどう機能するのか、そして、どうすればボスになれるのかを学ぶ。

本書に付随する情報について

　本書の専用サイト（http://rosenfeldmedia.com/books/product-management-for-ux-people）には、ブログや追加のコンテンツも紹介されているので、是非そちらもチェックしていただきたい。本書掲載の図表やイラストは、クリエイティブ・コモンズ・ライセンスに基づき（提供可能なものは）ダウンロードでき、個人のプレゼンテーションに含めることが許可されている。それらの資料は、Flickr（http://www.flickr.com/photos/rosenfeldmedia/sets/）から検索可能である。

　本書読者は、著者クリスチャン・クラムリッシュが運営するDesign in Productのコミュニティに参加して、本書で紹介するトピックについてさらに議論を深めることも可能だ。サインアップはこちらから：https://designinproduct.typeform.com/to/H4PqHsVE

よくある質問

プロダクトマネージャーになってからも、毎日たくさんのデザイン作業を続けられますか?

可能性は低い。小規模なスタートアップでなら、両方の仕事を同時にこなすことを求められるかもしれない。しかし、プロダクトマネージャーはデザイナーではないし、第2章で説明するように、2つの役割の日々の業務は、共通の懸念事項で重複する面が多いものの、基本的には大きく異なっている。

UX担当者は、優秀なプロダクトマネージャーになれますか?

保証はできないが、なれる可能性は高い。私が一緒に働いたことのある優れたプロダクトマネージャーの多くは、ユーザーエクスペリエンスのリサーチや戦略に長け、デザイン原則に精通していた。また、顧客やユーザーのニーズに応えることにこだわり続け、UX実践者に誠実に接し敬意を払っている。第3章では、プロダクトの成功に欠かせない強力な基盤として、UXの重要な強みをいくつか紹介している。

PMになれば、(ようやく)エンジニアに命令できるのですよね?

そのようなことはないが、エンジニアチームの同僚たちの働きを効果的に調整し集中させる方法を学ばないかぎり、プロダクトマネージャーとしての成功はない。UXの特別な能力を使って開発者の良き理解者になることについて、第4章で説明する。

「グロースハック」は、良い顧客体験の敵でしょうか?

そうとも言える。確かに、資本主義とそこから派生したシリコンバレーのベンチャーキャピタルが推進し、ガン細胞のように増殖する「成長のための成長」の精神は、UXの理想の大半を軽んじている。しかし、「成長」自体は悪いことではない。どんな組織体も、繁栄のために成長するすべを学ばなければならない。プロダクトの成長を健全に最適化する方法については、第6章を参照してほしい。

プロダクトチームとUXチームは、常に縄張り争いをしているのですか?

そんなことはないが、組織構造に問題があったり、リーダーが役割ごとの責任の所在を明確に示していなかったりすると、意見の食い違いや対立が生じ、労力を無駄に費やすことになる。そのため、テーブルのどちら側につくにしても、各作業の重要な側面のグレーゾーンについてや、「関与する者」と「最終決定権を持つ者」をはっきり分けることについて交渉する必要がある。これについては、第9章で解説する。

リーダーシップを担うプロダクトチームに情報アーキテクトは何人必要ですか?

第11章で説明するように、少なくとも1人は必要である。

目次

Chapter **1** プロダクトマネージャーとは、
いったい何をする人か?

Chapter **2** プロダクトマネージャーになりたい?

Chapter **6** プロダクトアナリティクス：
成長、エンゲージメント、リテンション

Chapter **7** 実験を通して仮説を検証する

Chapter **8** お金を得る

_{Chapter} **9** プロダクト／UXスペクトルに
おける健全な協働関係の築き方

_{Chapter} **10** プロダクトロードマップと、
「ノー」の伝え方

11 情報アーキテクトの責任者

監訳者まえがき

—— 及川卓也

　日本においても、プロダクトを成功に導くプロダクトマネジメントの重要性が徐々に認知され始めている。プロダクトマネージャーという専門職を設置する企業はまだ多いとは言えないが、その重要性を理解した企業間では激しい人材争奪戦が既に始まった。本書は、そのようなプロダクトマネージャーに興味を持ち、将来的に自らがその役割を担うことを目指すUX担当者に向けたものだ。

　私の周りにも、実際にUXデザイナーからプロダクトマネージャーに転身した知人がいる。彼が最初に担当したプロダクトは、UXの強化が急務だった。そのため彼に白羽の矢が立った。当初はUXを中心としたプロダクトマネジメントに従事していた彼であったが、徐々に技術やビジネスに関する知見も深め、プロダクト全体に対しての正しい意思決定ができるように成長した。現在はUXの専門性を保持しつつ、プロダクトや事業全体を見渡す能力を身につけ、CEOの右腕とも言える存在へと変貌を遂げた。UX担当者だったときにも、そのパッションと高い創造性で周囲を巻き込んでいた彼であるが、今はプロダクトマネージャーとしての新たな領域でも充実した姿を見せている。

　しかし、現状はこの知人のようなUX出身のプロダクトマネージャーはまだまだ少ない。VOC（顧客の声）の管理および製品企画クラウドサービスを提供するフライルは毎年日本のプロダクトマネジメントの動向調査を行っているが、その最新調査結果である「Japan Product Management Insights 2023」によると、プロダクトマネージャーとして活動する人材の中で、エンジニア、プロジェクトマネージャー、セールス出身者がそれぞれ15-20%を占めている一方で、デザイナー出身者はわずか2.2%に留まっていることがわかる。これは、プロダクトマネージャーがUXと技術とビジネスという三領域についての知見を持つことが要求されていることを考えると、いかにもアンバランスである。結果として、日本におけるプロダクトが技術とビジネスだけに偏るようなことが起きてしまっている可能性も否定できない。

UXとプロダクトマネジメントの関係

そもそも日本では、プロダクトマネージャーよりもUXデザイナーやUXリサーチャーの方がより広く認知されているかもしれない。実際に、「UX」という用語自体も「プロダクトマネジメント」と比べて、より一般的に知られているであろう。これは、近年、日本の企業においてデザイン思考が広く受け入れられてきたことと無関係ではない。しかし、プロダクトマネジメントの枠組みなしでUXを追求することは、本末転倒だ。ユーザー体験は、プロダクトが提供する価値に大きく寄与するが、その価値はUXだけで成立するわけではない。プロダクトマネジメント無しのUXは行き先の決まっていない船に優秀な船員だけが搭乗しているような状態だ。

プロダクトの全体像を把握し、戦略的な意思決定を行うプロダクトマネジメントがあって初めて、UXはその真の力を発揮することができる。日本企業も、UXの推進と並行して、プロダクトマネジメントの重要性を理解し、その役割を拡大していく必要がある。UXとプロダクトマネジメントは相互に依存し、補完しあう関係。それぞれが協力し合うことで、ユーザーにとって最高の製品やサービスを生み出すことが可能になる。その点を考えると、UXに知見を持つ人材のプロダクトマネージャーへの転身は増えていくことが期待される。

プロダクトマネージャーのやるべきこと

さて、プロダクトマネージャーに求められる役割の中で最も重要なのは、プロダクトに関する判断を下すことと言えるが、この判断の粒度はさまざまで、大規模な事業レベルの判断から、日々の「このバグを修正するかどうか」や「この顧客の意見を採用するかどうか」といった具体的な決定に至るまで幅広いものがある。しかし、日本のプロダクト開発現場では、「誰がこの判断をするのか？」という問いに対し、明快な答えが得られないことがしばしばある。合議制で決めている場合や、意思決定者として非常に職位の高い人の名前が挙がることもあるが、それではメリハリの効いた、スピーディーな判断を下すことは難しい。

プロダクトマネージャーの日常は、コンフリクトやトレードオフの連続。これらを整理し、適切な判断を下すのがプロダクトマネージャーの重要な役割だ。UX担当者やエンジニアなど、特定の領域に専念している者たちは、自分の専門分野外の事項について決断を下すことに慣れていないため、いざ「決めろ」と言われると困難

を感じるかもしれない。しかし、プロダクトマネージャーとなったからには、強い意志を持つと同時に仲間からの信頼を勝ち得る必要がある。

　こう聞くと、そんな人間には自分はなれないと思われるかもしれない。しかし、まさにこれがプロダクトマネージャーの仕事の醍醐味。プロダクト全体を見渡し、多岐にわたる要素を考慮しながら最適な判断を下すことで、プロダクトや事業を前進させ、成功させることができる。プロダクトマネージャーの仕事の大半は地味で、他職種ではカバーできない特異な課題を解かなければいけないような、難易度の高いものだ。長年プロダクトマネージャーとして従事した私の知人は、95％はそのような報われないかもしれない仕事だが、その先のわずか5％ほどの光を求めて進むことができる人がプロダクトマネージャーに向いていると言っている。まさにその通りだ。

　この点で、一つ取り上げたいトピックがある。プロダクトマネージャーはしばしば「ミニCEO」と称される。私もこのような説明をすることがある。プロダクトマネージャーの役割の広さと重要性を強調するためだ。しかし、このような比喩はプロダクトマネージャーコミュニティ内で時として強い反発や反論に会う。実際、本書でもプロダクトマネージャーをCEOに例えることには賛成していない。CEOが組織の全体的な予算管理、人事権、そして全社員からの最終報告の受領という広範な権限を有しているのに対し、プロダクトマネージャーはビジネス上の責任を負うものの、そのような広範な権限は持ち合わせていないからだ。

　本書ではプロダクトマネージャーの役割がCEOと異なり、むしろ「なんでもやる」泥臭い仕事であるとも述べられている。成功へ導くためには、どんな仕事も積極的に行い、チームの謙虚なサポーターとして自らを位置づける必要があるとされている。しかし、実際には、これは、CEO的な役割と矛盾しない。私がプロダクトマネージャーの役割を「CEO的」と表現する際には、特に創業間もないスタートアップの創業者のような立場であると説明する。創業間もない企業では、必要なメンバーもまだ揃っておらず、取り組むべき課題が山積している。創業者は落穂拾いのように、必要なことは何でも手掛ける必要がある。自分で手を動かすか、メンバーに指示を出す。時には外部に委託することを決めなければならない。が、このような役割はまさにプロダクトマネージャーと同じだ。

　つまり、プロダクトマネージャーはプロダクトの奉仕者であり、そこに求められるのはプロダクトとプロダクトチームを最優先に考えるサーバントリーダーシップのスタイルである。「プロダクトのCEO」という言葉が独り歩きする傾向があるが、本書の読者には、大企業よりもスタートアップのCEOをイメージして頂くと良いであろう。

このように、泥臭い仕事であるという現実の一方、プロダクトマネージャーにはビジョンを共有し、チームメンバーをそのビジョン実現のために動機づける変革型リーダーシップも求められる。別の言い方をすると、プロダクトマネージャーは一種の猛獣使いなのだ。おとなしい猫かと思っていたら、言ったことを絶対に譲らないライオンだったというエンジニアがいたり、目を離したすきに皆と別な方向に進み始めている亀の子のような広報担当者がいたりする。こういうクセのある集団をビジョンで動機づけし、まとめ上げていくこともプロダクトマネージャーの役割である。

プロダクトの「価値」をどう生むか

すでに説明したように、プロダクトマネージャーはプロダクトの成功に責任を持つ職種であるが、プロダクトが成功している状態とはプロダクトの利用者であるユーザーに価値が提供でき、その対価を得られている状態である。

「価値」を考える際には、「誰にどうなって欲しいのか」という問いが重要だ。価値を提供する対象となる顧客を特定し、その顧客が求める理想の状態を理解する。顧客がその理想の状態に到達するために、自らの資源（お金を含む）を投じる意欲があるかどうかが、プロダクトの価値を測る基準となる。

しかしながら、顧客に真の価値を与えることは、容易ではない。市場のニーズを的確に捉え、それを満たすプロダクトの特徴や機能を定義し、開発する過程は、多くの課題と不確実性に満ちている。顧客のニーズや期待は常に変化しており、それに応じた価値を提供し続けることがプロダクトマネージャーには求められる。

私自身もプロダクトマネージャーとして、顧客に価値を提供する使命の難しさを日々実感している。顧客側に立って考えた時、「私がこのプロダクトにお金を払いたいか？」と自問自答することがある。この顧客がプロダクトにお金を払ってでも得たいと思う価値を提案、そして提供するためには、顧客理解や市場動向の把握、適切な技術の選択などが必要であるが、それだけでは十分でない。時には直感にも頼らなければならない。プロダクトマネージャーは、これらすべてを考慮しつつ、最適な判断を下す責任を担う。

キャリア転身を成功させるには

　このように、プロダクトマネージャーの役割は、プロダクト全体の成功を導くための重要な判断を下すことだが、この役割を果たすには、UXやエンジニアリングのような特定の専門分野だけでなく、プロダクトに関わるすべての領域に対する広い理解と判断力が必要となる。実際、本書では、UX担当者がプロダクトマネージャーになる際に、デザイン作業にとどまらず、より広範なプロダクト管理のスキルを身につけるべきであることを指摘している。別職種にキャリアを変更すると、つい以前の職種のときのスキルを最大限に使おうとしてしまう。その方が見た目の成果は出せるからだ。しかし、それではキャリア変更は成功しない。マインドセットを変え、必要なスキルを獲得していく必要がある。

　私はエンジニアからプロダクトマネージャーに転身した人間であるが、この考え方は、エンジニア出身者にも同様に適用される。エンジニア出身のプロダクトマネージャーもまた、技術的な知見だけでなく、ビジネスや顧客のニーズといった幅広い分野について理解し、判断しなければならない。私自身もそうであったが、エンジニアは技術以外への興味関心が乏しく、特にビジネスに対しては、お金のことを考えるのが面倒臭かったり、ビジネスのことを考えることがユーザーへの価値訴求を阻害するかのように感じる傾向がある。UX担当者にも似た傾向が見られるのではないかと思う。しかし、実際にはすでに述べたように、価値への対価を得ることがプロダクトの成功であり、これによりプロダクトを継続的に進化させることができ、ユーザーに対してもさらなる価値を提供することに繋がるのである。

　日本においては、デジタル人材の不足が深刻であり、プロダクトマネジメントとエンジニアリング、あるいはUXを兼務しなければならない状況がしばしば見られる。このような兼務は、可能であれば避けるべきだ。それぞれの領域の利害が一致しない場合があり、異なる視点からの議論が、妥協を許さない質の高い結論を導き出すためには不可欠だからだ。

　しかし、どうしても複数の役割を兼務しなければならない場合もあろう。その場合は、自分がどの立場から考え、発言しているのかを明確にすることが重要である。そして、その立場を周囲にも明確に伝えることで、プロダクトチーム内の透明性を確保し、ぶれない一貫した方向性を示すことが可能となる。

UXの専門性を強みに

　現代社会と企業は、不確実で複雑な多くの課題に直面しており、これらの課題を的確に発見し、新規性のある解決策を見出すことが求められている。課題の発見自体が容易ではなく、潜在的な問題を明らかにする能力もまた重要である。この過程において、UXが重要な役割を果たす。UXの専門知識を持ち、技術やビジネスの側面からプロダクトを総合的に考えることができる人材はプロダクトマネジメントにおいて不可欠だ。UXからプロダクトマネジメントへのキャリア転身に興味を持つ方々はプロダクトマネジメントを通じた変革を推進する者とも言えよう。本書は、そのような方々の新たな可能性を探るため、そしてさらなる挑戦を進めるための実践的なガイドとなるであろう。

まえがき

── マット・ルメイ
Sudden Compassの運営パートナー

　僕はよく、プロダクトマネジメントへの転向を考えるUXプロフェッショナルの目に、ある種の輝きを見る。多くの場合その輝きには、「UXの価値や大切さを理解できないPM（プロダクトマネージャー）にはもううんざりだ。自分がPMになったら、チーム全員を尊重して、UXをもっと戦略的に重要なポジションに引き上げてやる！」と、湧き上がる起死回生への思いがみなぎっている。

　1年後、その輝きはたいてい消えている。プロダクトマネジメントの現実──締め切りとの戦い、難しい見積もり、迫られる重大な決断、ステークホルダー（利害関係者）からのプレッシャーなどなど──が、完璧に練り上げた計画や純粋な向上心を挫いてしまうから。過去に仕事で一緒になったプロダクトマネージャーの何人かがなぜ「あんなふう」だったのか、だんだんと、しかし確実に気づかされる。そして、実社会で正しい学びを得て、UX専門家として培ったユーザー重視の高い技術と能力をベースにしながら、プロダクトマネジメントの複雑で難解な現実を渡り歩いていけるようになる。

　本書『UX実践者のためのプロダクトマネジメント入門』は、その「正しい学び」を与えてくれる本である。クリスチャン・クラムリッシュは、UXからプロダクトマネジメントの世界へ転身したひとりだ。彼は自身の経験や、プロダクト界とUX界をつなぐほかの人たちの経験を、本書の中で余すことなく率直に語ってくれている。ここでは、プロダクトマネジメントのプラス面、マイナス面、そして（ほとんどの場合）プラスともマイナスともいえない非情なほどに不明瞭な側面について、実体験をもとにした説得力のある話を聞くことができる。そして何よりも、理想のプロダクトマネージャーになるために、UXのプロとしての自分の経験がどう活かせるかを学ぶことができる本だ。

　本書を読み進めるなかで、偉大なインスピレーションに出会う、厳しい現実に気づく、自分の行動や考えを深く省みる、不安を感じながらも確固とした決断に至る、そんな瞬間を体験するだろう。もしも、それがプロダクトマネージャーの実状を捉えていないというのなら、ほかに何があるのか教えてもらいたい。

はじめに

「どうしてプロダクトマネージャーが私にあれこれ指図するわけ?」

　ほとんどのユーザーエクスペリエンスの専門家は、初めてプロダクトマネージャーと仕事をしたときのことを覚えている。ある会議で、新しい仕事で、大きな会社で、別の業界で、スタートアップで、あるいは組織再編時に——。

　それがどこで、どんな形だったにしろ、何かが新しくて何かが"違って"いたはずだ。会議で「プロダクト」がどうだとかUXがああだとか話しているけれど、この人はいったい誰だ?

「しーっ。あれはプロダクトマネージャーだよ」

　同じチームのエンジニアのひとりが「あとで詳しく説明するから」といいながら、私に早口で教えてくれた。UXチームはプロダクトに関して、この人物に"報告"するのだと。

　なるほど……。ん? ちょっと待って、それってどういう意味? 誰が何をするって? つまりこのプロ**ジェ**クトマネ……じゃなくて、プロ**ダ**クトマネージャーがワイヤーフレームを作って、それをデザイナーに渡して「じゃ、あと色付けをよろしく。いい感じに頼むよ」って?

　そしたら、プロダクトのユーザーエクスペリエンスに関する最終決定権は、誰にあるの?

　そもそも、プロダクトマネージャーとはいったいどんな職業なのだろうか。最近では、その役職を誰が、どこで、どう実行するのかによって、その答えは異なる。

　では、UX担当者がプロダクトについて知っておくべきこととは、何だろう?

> **NOTE　プロダクトという言葉の意味について**
>
> プロダクトマネージャーは、"プロダクトマネジメント"のことを"プロダクト"とだけ呼ぶことが多々ある。"マネジメント"部分の定義が曖昧なため、そちらに捉われすぎないようにあえて省略しているのだ。"プロダクト"という言葉は、"プロダクト思考"全般(プロダクトデザイン、プロダクト開発、プロダクトマーケティングなど、プロダク

トに関する全領域・論題）を表す言葉としても使われている。

　本題に入る前に、まずは考えてみよう。プロダクトとUXはどう関係しているのか、両者が連携してうまく機能するためには何が必要なのか、そして、プロダクトとUXの「正しい」関係とはどのようなものか？

　答えは、「状況次第」である。

　それは一旦置いておいて、ここからは、具体的な例を（場合によっては私の私的体験として、よくあるパターンなら一般的な話として）挙げてみるので、プロダクトがUXの世界観に（あるいはその逆でUXがプロダクトの世界観に）どうフィットするか、自身のメンタルモデルを組み立ててみてほしい。

　まずは、時を何年か前まで巻き戻してみよう……

10年前に参加したワークショップで……

　十数年前、私はYahooでインタラクションデザイン部の上級インタラクションデザイナーと、かの有名なデザインパターンライブラリのキュレーターとを兼任していた（当時の名刺の肩書きは“パターン探偵（ディテクティブ）”だった）。上司のエリン・マローンはプラットフォームデザインチームのUED（ユーザーエクスペリエンスデザイン）のシニアディレクターだった。のちに私は、彼女と共同でソーシャルエクスペリエンスデザインに関する本を執筆している。

　その年、私たちはIAサミット（情報アーキテクチャの国際会議）に出席しプレゼンテーションを行ったのだが、そこでUXデザイナーのためのプロダクトマネジメントに関するワークショップ（講師はジェフ・ラッシュとクリス・ボーム）が開催されることを知り、二人ともすぐさまサインアップした。おそらく、お互いに同じような理由からだったと思う。

　Yahooでは、UEDは「product org（プロダクト組織）」と呼ばれる部署に報告を上げることになっていた。技術的な作業はすべて、プロダクト部とエンジニアリング班との協働で行っていたのだ。この二大巨頭は、社内のあらゆるレベルで、あらゆる場面で、常に覇権を争い対立していた。

　我々のプラットフォームデザインチームは技術部内に作られていたのだが、それでもUEDはプロダクトマネジメントと一緒に作業し、先方からの要求に応じなければならなかった（事実、エリンが最初に私を採用しようとしたとき、私が「経験豊富すぎる」

ため、自分の作成したワイヤーフレームに基づいたモックを作るだけでは満足しないに違いないと案じたプロダクトマネージャーに採用を拒否されている）。

　しかし特筆すべきは、Yahooが会社全体を通して、UXデザイン（およびリサーチ）をプロダクト部門の一部として扱っていたことだ。私にとっては、まったく初めてのことだった。私は、1990年代のアート志向の強い自律型陣営の中で、フリーランス、エージェンシー、コンサルティング関連のクライアントに向けたウェブサイト制作を一から学び経験を積んでいった。そうしたサイト自体はプロダクトではない。プロダクトの販売、宣伝、普及の促進をするためのものだ。Yahooでの仕事の大きな魅力は、サイトに訪れる人たちのために機能的な体験を作ることができ、実店舗型ビジネスのマイクロサイトの構築や、ホームページやサイトナビゲーションの改訂といった仕事から脱出できるところにあった。

　だから、UXの担当である自分たちがプロダクトを作っているという事実も、UXの仕事をプロダクト部門の人間が監督するということも、私にとっては非常に衝撃的だった。そんな折に参加したジェフとクリスのワークショップは、プロダクト畑の人たちの習性や思考について理解を深める絶好の機会となったのだ。

勝てない相手なら……仲間になればいい！

　私が感化されたもう1つの瞬間は、Yahoo検索プロダクトのUXデザインのVP（バイスプレジデント）だったラリー・コーネットが、同じチームのプロダクトマネジメントのVPに就任したときだった。

　「それってアリなの？」目から鱗の出来事だった。

　私が彼ら同様に、未だ多くのUXデザイナーが「ダークサイド」と呼ぶプロダクトマネジメントの道に進むのは、それから数年先のことだ。果たして、私も上からあれこれ指図する大ボスになっただろうか？　違うチームに移動しない限り、キャリアアップもプロダクト戦略に影響力を持つことも望めないのだろうか？　プロダクトとUXは「最強の友」として協力し合うことができるのか？　本書では、そういった疑問にも答えていく。

Chapter

1

プロダクトマネージャーとは、
いったい何をする人か?

プロダクトマネージャーとは何をする人なのだろう？　大丈夫、そう思っているのはあなただけではない。ビジネス界全体はもちろんのこと、採用担当者の多くも、実はこの肩書きとその正確な仕事内容をあまりよくわかっていないのだ。プロダクトマネジメントには正当といわれるアプローチが多数あり、本質的に必要なスキルのどれか1つ2つを重視してほかのいくつかのスキルを犠牲にする傾向にあることが、この職業を余計にわかりにくくしている。複雑に思えるかもしれないが、今日のプロダクトマネジメントではやるべきことがコンテクスト（仕事内容や背景、環境など）によって大きく異なるため、正当なアプローチが複数あるのだ。とはいえ、どのプロダクトマネージャーにとっても中核となる責任は同じである。それは、「価値」に対する責任だ。

プロダクトマネジメントとは、価値に責任を持つこと

プロダクトマネージャーは、顧客体験を調整し提供することを通して「価値」に責任を持つ。そして、顧客（およびその他の利害関係者）に提供されるその体験が、ユーザーに「採用」され、また持続可能な関心ごととして、より広いビジョンに貢献するよう発展させるのが役目である。

なるほど、しかし、"持続可能"とはどういうことをいうのだろう？　目標にするにはやたらと範囲が広い。LinkedInのプロダクトリードを務め社会変動の伝道者でもあるB・ペイグルス＝マイナーは、これについて少なくとも1つの定義を提案している。「ユーザーが価値を感じて繰り返し利用するもの」。それに加えて、ビジネスであれ何であれ、どんなシステムも、持続可能なものにするためにはそのシステムを文字通り持続させる反復可能なインプット（投入）とアウトカム（成果）のサイクルを見出す必要がある。そうしたインプットのいくつか――通常は人材か資金を指すが――は、成長しないにしても、安定的で一貫していることが最低限求められる。何を構築するにしても、これらのサイクルを循環させ続けることが大切だ。

そこで、次のように考えることができる。組織にとって"持続的な価値"とは、「顧客」（あるいはエンドユーザー、対象者、演者、主人公）のために生み出された価値の一部を、自分たちのためのものと捉えることで得られるものだ、と。

価値に対する責任があることを念頭において考えれば、"プロジェクトマネージャー"や"プロダクトオーナー"と混同されがちな"プロダクトマネージャー"のいくつかの役割が明確になってくるはずだ。基本要素を掘り下げる前に、まずはこの3つの肩書きを定義し、違いを理解しよう。

価値についての対話

　プロダクトマネジメントの指針として「価値」に焦点を当てるよう私に最初に教えてくれたのは、当時私が務めていたCloudOnというスタートアップ企業の最高製品責任者（CPO）だったジェイ・ザヴェリだ。現在は、カリフォルニア州パロアルトに拠点を置くベンチャーキャピタルのSocial Capitalで社内プロダクトインキュベーターを率いている。

　私は彼に、価値の定義について再び聞いてみることにした。というのも、そういった質問でよく耳にする「見ればわかる」的な堂々巡りは避けたかったからだ。金銭的な価値よりシステム全体にとっての価値を重視する人もいれば、組織のオーナーだけに生じる価値を重視する人もいる。しかし、ジェイはこう言った。「価値とは、人や顧客が体験する、過去に一度も同じ形では存在しなかった特別な何かだ。それはつまり、便利で、使いやすく、望ましい製品のこと。価値は、顧客が自身でも気づいていないような潜在的なニーズ、願望、欲求を満たし、何かが技術的に差別化され（より安く、より速く、より良くなり）、豊富に入手でき（以前は限られた人しか利用できなかった方法でもアクセスでき）、人間の行動を（その人や顧客に有益な形で）変えるようになったときに、見えてくる」

　この価値というものは、誰が得られるのかと尋ねたところ、ジェイは次のように話した。「おそらくみんな、財務指標を価値指標として加えてしまうために混乱するのだと思う。そうした指標のなかには、必要なのに十分ではないものもあれば、まったく無意味で不必要なものもある。財務指標や成長指標だけを参照したところで、真の価値は生み出せない。事実、それらだけに気を取られていると、意図しなかった重大な結果を招くことがわかっている。顧客にとっての真の価値に焦点を当て続けることが、何よりも大切。そうすれば、誰もが得をする!」

プロダクトマネージャーは、プロジェクトマネージャーにあらず

　"プロダクトマネージャー"は、"プロジェクトマネージャー"とよく混同されてしまう。違いを知っている人でさえ、会話の中で言い間違えることがある。略語になると、もっとわかりにくい。どちらも一般的に"PM"と略されるので、文脈から判断するよりほかはない（文脈とはたとえば「この会社にはプロジェクトマネージャー（あるいはプロダクトマネージャー）がいない」というような場合もあれば、話し手、チーム、会話の内

容によって使い分ける場合もある）。

NOTE 本書では「PM＝プロダクトマネージャー」

PrMやProMなども可能性としては考えられるが、ここでは忘れよう。そう表記したところで、結局どちらだかわからない。あと、ProjM／ProdM、もしくはPjM／PdMと呼びたがる人には、私はまだ出会ったことがない（訳註：日本では従来プロダクトマネージャーの認知が低く、PMといえばプロジェクトマネージャーを指してきた。しかし、最近はプロダクトマネージャーを配置する企業も増加傾向にあり、混乱を避けるためにプロダクトマネージャーをPdM、プロジェクトマネージャーをPjMと区別する人たちも増えている）。本書では、PMはプロダクトマネージャーの略、ということをお忘れなく。

　さらにややこしいのは、プロダクトマネージャーの責務の1つにプロジェクトマネジメントも含まれる場合があるということ。PMはスケジュールに気を配り、ガントチャートの読み方に熟知し、すべてが予定通り進むよう手配し、関わる人員が一丸となって打ち込めるようにするために動くが、そのほかにもすべきこと、気にかけるべきことは山のようにある。

　プロジェクトマネージャーは、専門的な知識を活かして細かい点まで理解することに長けたスペシャリストだ。しかし基本的には、プロジェクトを予定通りに、期日までに、予算内で進めることが主な仕事であり、プロダクトの価値を定義することや、その価値を最大化するための戦略を主導するといったことは専門外である（訳註：日本においてはプロダクトマネージャーという職種が多くなかったため、プロジェクトマネージャーがプロダクトマネージャー的な業務をこなしていたという日本特有の事情もある）。

　なかには、プロジェクトマネージャーからプロダクトマネージャーになる人もいるが、その場合はUXデザイナーと同様、「列車を定刻通りに走らせる」ことよりもっと多くの、さまざまな関連スキルを習得する必要がある。

　プロダクトコンサルタントであり作家であり、Sudden Compass（コンサルティング会社）の共同設立者でもあるマット・ルメイは、次のように述べている。「プロダクトマネージャーには、『なぜ？』を問う機会と責任がある」

プロダクトマネージャーは、プロダクトオーナーにあらず

　プロダクトマネージャーとプロダクトオーナーのあいだには、根本的な違いがいく

つかある。企業によっては、これら2つを同じ意味として区別なく使ったり、独自の定義を適用したりするところもあるが、本書では次のように定義したいと思う。

- プロダクトマネージャーは、戦略的なビジネス目標を達成する一環として、ソフトウェア体験を出荷するために、分野横断的なチームの仕事を統率する人。
- プロダクトオーナーは、ソフトウェア開発を担うエンジニアリングチームを形成し、それを率いる人。このモデルでは、非常に戦略的なプロダクトマネージャーとしての側面も多少持ち合わせるが、主なフォーカスは各作業の進捗状況を追跡することにある。これは、経験を積んだプロダクトマネージャーが不在の際に考案された、エンジニア中心の役割である。

　元々、プロダクトオーナーは、その企業のエンジニアリング部門から引き抜かれることが多かった。また、トレーニングと資格を必要としアジャイル開発／スクラム環境でのプロジェクトマネジメントに精通した、専門のスクラムマスターをプロダクトオーナーとして起用するチームもあった。エンジニアリング畑出身のプロダクトオーナーがチームリーダーを務めることもあったが、常にそうだったわけではない。しかしながら、今日の現場では、この肩書きが実にさまざまな使われ方をしている。たとえば、ビジネス上の主要なステークホルダーのことを"プロダクトオーナー"と呼ぶチームがあったり、政府関係の文脈ではチームの成果物に対する最終的な責任者を「プロダクトオーナー」といったりする。後者は、一般的な米国企業でいうところの"プロダクトヘッド（head of product）"、学術プロジェクトにおける"研究責任者（PI）"などに近い。

　プロダクトオーナーの仕事内容もまた、プロダクトマネージャーの職務と一部重なる場合が多く、企業のなかにはプロダクトオーナーという肩書きを新人もしくは初級レベルのプロダクトマネージャーに当てているところもある。しかし、これもまた、プロダクトマネジメントの伝統に外れてこの役職を起用するようになった経緯をわかりにくくしている。

プロダクトマネージャーは、どこから来たのか？

　では、プロダクトマネージャーを置くという伝統は、いったいどこから来たのだろ

う？　このデジタル時代になぜ、誰もかれもが「プロダクト」という言葉を口にする
ようになったのだろう？　そしてなぜ、諸々をまとめる役割の人のことを“プロダクト
マネージャー”と呼ぶようになったのだろうか？

　プロダクトマネジメントの奥深い歴史は、20世紀のマーケティング・コンセプトか
ら始まっている。そのコンセプトとは、潜在顧客を真に理解し市場の規模や製品の
普及範囲などをより科学的に測定するために生まれたものだ（そのいくつかは、聞き
覚えがあるはず。新しい世代がそうしたアイデアを再発見し、リサーチ、人、ユーザー、体験、
実験、分析といった観点から枠組みを作っている）。
「プロダクト」というメタファー自体は、インターネットの時代において、良い意味で
も悪い意味でも取ることができる。メタファーが生む価値は、人々のニーズを満た
す、または代わって何かをする、あるいは彼らのジャーニーを楽なものにするといっ
た目的のために構築しているものに焦点を当て、それを具体化するのに一役買って
いる。

　しかし、何を作っているのか（また何を作っていないのか）を具体的かつ明確にす
ることへの現実的な必要性から、オンラインプロダクトのつかみどころのなさは隠さ
れてしまいがちである。そして、オンラインプロダクトは、「実はサービスである」と
いう観点から見た際に2つの点で工業製品とは大きく異なっている。

- 昔ながらの「箱に梱包され棚に並べられた」物理的な製品とは異なり、最
  近のソフトウェアのほとんどはSaaS（Software as a Service／サービスとしてのソ
  フトウェア）であり、クラウド上でホストされ、ウェブや、ときにはネイティブ
  アプリのクライアントからアクセスする。製造プロセスで生じるいくつかの限
  定的な制約（埋没費用、ウォーターフォール開発のプロセス、製品の出荷開始後の
  変更に対する予算的制限など）にも耐性がある。
- また、オンラインプロダクトは、ユーザーのために継続的に何かをしたり支
  援を提供したりする（物やツールを使った具体的な体験とは異なる）という意味
  で、サービスである傾向が強い。

　“プロダクト”という言葉の潜在的な意味や、その使い方によって生じる先入観に
かかわらず、商品やサービスが人々のニーズを価値ある形で満たすために作られた
ものであることを伝える手段として、このワードは生まれた。
　20世紀半ばのプロダクトマネージャーは、ビジネスの学位はないにしても、ビジネ

スの経歴をもつ人が大半で、初期のデジタル系プロダクトマネージャーもその DNA をいくらか受け継いでいた。

ビジネスマネージャーとしてのプロダクトマネージャー

　今日に至るまで、プロダクトマネジメントは、一般的にビジネスの一分野もしくは手法として認識されている。プロダクトマネージャーの役割の中核となるのは、製品のビジネスケース（事業計画）、ビジネス戦略、そして財務的な実行可能性に対する“責任”である。

　そんなプロダクトマネージャーに対するステレオタイプには、残念ながらマイナスイメージが多い。「お堅い」、「財務屋」、「利益ばかり気にする口うるさい上司」。確かに、世の中にはこうした評判通りの「プロダクトなんちゃら」と肩書きの付いた人は大勢いる。しかし、必ずしもそうである必要はない。プロダクトマネジメントに興味のある UX デザイナーであれば、ビジネスのリアリティや必要性、さらにはビジネスの楽しさを重視することから始められるだろう。辛辣な言葉ばかりで形容する必要はないのだ。

　大手ソフトウェア会社やテック企業で初めてプロダクトマネージャーという役割が設けられた際、その職務は事業の立ち上げとともに始まり、多くの場合テクノロジー分野とカップリングされたか、エンジニアリングやそのほかいくつかの柱となる分野と組み合わせてバランスが取られていた（事業の性質に応じて、たとえば医療関連企業では臨床の専門知識、メディア企業ならエディトリアルコンテンツの知識、といった具合に）。

　当時マイクロソフト社が導入した同等の役職は、“プログラムマネージャー”と呼ばれていた。今日では、プログラムマネジメントというと通常、複雑なプログラムの運用実行に特化した個別の分野を指し、大体は関連する複数のプログラムを同時進行で管理している。

　当時の PM たちは、ほぼ全員が MBA を取得していたそうで、新卒で「責任者」となった PM がベテランのエンジニアやデザイナーをイラつかせることも度々あったという。

　現在のプロダクトマネジメントの形が築かれたのは、数多くの肩書きや役割の貢献があったからだ。ビジネスアナリスト、プロダクトマーケター、カスタマーサクセスのスペシャリストなど、さまざまな人がさまざまな肩書きや役割のもとで、プロダクトマネジメントの仕事を行ってきた。プロジェクト管理、意思決定、戦略的提携、リーダーシップといった、事業の実行に必要なビジネススキルもその中に含まれている。

その役割のビジネス的側面を取り上げて、プロダクトマネージャーのことを「プロダクトのCEO」と表現する人もいるが、その解釈は正しいとは言えない。そう呼ぶことに価値があるとすれば、PMが自社の製品に対して中心的かつ重大なビジネス上の責任をもつということを、極めて大雑把ではあるが、匂わせられるというだけだ。全責任はPMにあり、と。

しかし、率直に言って、この表現は誤解を招くだけで助けにはならない。なぜなら、CEOは会社の予算も管理するし、チームを雇用することも解雇することもできるし、ほぼすべての社員から最終的な報告を受ける立場にもあるからだ。プロダクトマネージャーは確かにビジネス上の責任を負うが、CEOのような権限は何も持ち合わせていない。

UX／プロダクトマネジメントの現場から

MBAの有無は問わず

数年前にAOLにいた頃、私はマティ・シェインカー率いるプロダクトマネジメントチームの一員だった。このチームは、製品水準の向上を任されていた。AOLは当時、残念な結果に終わったタイム・ワーナーとの合併から分離・独立したばかりで、確立されて10年あまりのウェブ開発スタイルに追いつこうとしていた。私たちが行ったことの1つは、プロダクトマネージャーとUXデザイナーのキャリアラダー（訳註：ハシゴを登るように順にキャリアアップする人事制度・能力開発システム）を見直しアップデートすることだった。これは、アソシエイトからVP（バイスプレジデント）まで（デザイナーの場合、IC［個人貢献者、フリーランス、一般社員］からディレクターレベルの主要ポストまで）の各レベルに採用もしくは昇進するために、数ある査定基準全体を通してどの程度の達成レベルが必要かを示すものだ。

旧来の基準では、プロダクトマネージャーにはMBAが求められた。私たちはこれを排除。人事部からは「MBA保持者優遇」としてもらえないかとの要望があったが、それはできないと突っぱねた。私たちは、どちらかと言えばMBAに関しては中立的だった。取得していれば、ビジネス面で力を発揮して優秀なPMになれるかもしれないし、なれないかもしれない。MBAの取得に費やした時間は一定の経験や人脈をもたらしただろうし、同量の時間を仕事に費やしたなら、また別の利を得ただろう。学位だけでは、その人の能力を測ることはできない。かといって、MBAを取得したらペナルティ！　なんてことはなかったので、ご安心を。

Atlassian（および、元 LinkedIn と Facebook）のプロダクト責任者（VPoP）のジョフ・レッドファーンは、プロダクトマネージャーの役割をゼネラルマネージャー（GM）のように考えているという。直接的な権限に関してはどちらも同じような制限があるが、一貫性のあるひと続きの仕事に対してビジネス面での責任をもつ人間という意味では、近いものがある。

Product Manager HQ のクレメント・カオは、GM は雇用に関しても権限をもっていると指摘し、GM の運営上および戦略的なリーダーシップの側面を「コーチとジャニター（雑務係）の両方」と表現している。

2000年代に入ると、ビジネス志向が強いタイプのプロダクトマネージャーと並行して、エンジニアリング部門からマネージャーやリードデベロッパー（主任開発者）がプロダクトマネージャーとして起用されるようになった。当初は、プロダクトマネジメントの実務経験がない人もいたが、一般的にはエンジニアリングマネージャーに新たに開かれたキャリアパスとなった。

マーケティングマネージャーとしてのプロダクトマネージャー

昨今のプロダクトマネージャーが担う役割のもう1つの先例に、マーケティングマネージャー、もっと言えば、プロダクトマーケティングマネージャーの概念がある。それこそ、20世紀のビジネスの慣習におけるプロダクトマネージャーの役割の起源といっていい。プロダクトマネジメントに特有の顧客ニーズへの強いこだわりは、このマーケティングマネージャーの本質的な特徴が引き継がれたものだ。初期のプロダクトマネジメントのマーケティング志向とともに継続されてきた別の要素として、今日見られるような、市場のニーズへの対応やプロダクトマーケットフィット（PMF）の達成への執着も挙げられる。

この2つの役割は、今も多くの組織で別個のポジションとして存在している。同組織内に両方のリーダーシップが存在する場合、プロダクト／マーケティングに関する課題に対して、プロダクトマネージャーはプロダクト中心の視点からアプローチしたい一方で、プロダクトマーケティングマネージャーがマーケティング中心のフレームワークから対処しようとするなど、互いの仕事の範囲や調整に関して問題が生じる可能性がある。

「Product Marketing Manager vs. Product Manager：Where Do You Draw the Line?（プロダクトマーケティングマネージャー vs. プロダクトマネージャー：線引きはどこでする？）」（http://www.productplan.com/learn/product-manager-vs-productmarketing-manager/）と題した記事に、この2つの役割の違いが明瞭に説明されていた。要約すると以下の通りだ。

- プロダクトマネジメントの役割は、プロダクト戦略を監督すること。
- プロダクトマーケティングの役割は、プロダクトの良さを伝えるメッセージを発信すること。

エンジニアリングマネージャーとしてのプロダクトマネージャー

このすべての文脈がソフトウェア、テクノロジー、科学、エンジニアリングに関わるため、少なくともハイテク業界で働いたことのない人の目からすれば、インターネット時代のプロダクトマネージャーは見方によってはテクニカルプロダクトマネージャーも同然だ（実際には、テクニカルプロダクトマネージャーと定義される役割には、ほとんどの場合、コンピュータサイエンス、分析学、もしくはそのビジネスの特定の技術的アプローチに関する専門知識が必要だ）。

大局的な視点を必要とするスキル（テクニカルデザインや建築など）を持ち、チームが構築するものの目的や価値に対するビジョンがはっきりしていて、特定の方向性を示すためにほかの利害関係者たちと賛否を議論する力のあるエンジニアであれば、プロダクトマネージャーとして大きな影響力を持つことができ、チームの舵取りにも優れた能力を発揮できるだろう。

エンジニア出身のPMが増えたことで、プロダクトマネジメントに携わる者に期待されるスキルの構成が見直されるようになった。依然としてビジネスセンスが最も重要視されるのは変わらないが、今はそこにソフトウェア開発に関わる技術的課題に対する深い知識も求められている。

もしこの職が、そのまま「テクニカルプロダクトマネージャー」という肩書きで、あるいはGoogleや数多く存在する模倣企業のようなエンジニアリング主導の企業で募集される場合、必ずしもコードを書く必要はないにしても、採用試験にはプログラマーに提示されるのと同様のパズルや問題解決といった課題を盛り込んだ技術面接が、何ステージか行われることになる。

そこで出されるソート（分類）、効率、複雑なアルゴリズムなどに関する質問は、その企業がエンジニアリングのスキルセットや経験、基準系に重点を置いたプロダクト文化であることを反映している。

Googleは、プロダクトマネージャーにエンジニアリングのリソースを自ら「獲得」

させることで知られている。プロダクト仕様書を作成したからといって、必ず誰かがそれを作ってくれるとは限らない。しかしGoogleは、プロダクトマネージャーの育成と能力向上に力を入れていることでも有名だ。マリッサ・メイヤーが立ち上げた、体系的なトレーニングやローテーションを伴う「アソシエイト・プロダクトマネージャー（APM）」プログラムは、ほかの巨大テック企業でも広く模倣されている。

しかし、繰り返すが、GoogleやGoogleに近い文化を持つ職場で好まれるプロダクトマネージャーとは、高度な技術に精通している人物である傾向が強い。したがって、こうした頭を使わせるタイプの採用面接試験は、実際のところはプログラミングができる程度の頭脳を持ち合わせているか否かを測るためのものにすぎず、PMはいくつかの競合アルゴリズムに基づくアプローチにかかる「時間計算量のビッグ・オー記法」について定期的に議論する必要がある、などという突飛な考えを植え付けるためではない。

NOTE テクニカルPMの採用面接

Googleの本社で採用面接に臨んだ日のことを、今も懐かしく思い出す。面接のあと、年齢も、髪の色も、好きなスポーツもITのマニア度も違う11人の面接官にランチに連れて行ってもらった。面接で出された質問の大半においては、とても楽しいものだった。実は私は日頃からパズルや謎解きが好きだったが、大金が稼げる職がかかったプレッシャーの中ではさすがに緊張した。質問は一定の期間が過ぎればローテーションされるものなので、たいていは少し探せば時効になった回答例を見つけることができる。たとえば、私に出された質問の1つに、正しい5桁のパスコードをキーパットで効率よく合わせるアルゴリズムは、使用できる数値に特定のルールや制約（繰り返し使う、など）が与えられている場合、どのように機能するか、というのがあった。言った通り、大半においては楽しい質問だったのだ。

公平を期して言うなら、最近では、こうした難題を出してくるような企業のほとんどは、面接官が受験者に協力し回答を考える手助けをすることを奨励している（そうした役割を目標にしていて、コンピュータサイエンスにはあまり強くないという人は、役立つ書籍がいくつかあるので読むことをお勧めする。キャリアパスの選択については、第2章「プロダクトマネージャーになりたい？」で述べたい）。

Yahooでは、プロダクトマネジメント組織はエンジニアリング組織と仲間同士であ

り、同等の力関係にあった。Yahooのウェブサイトは当初から、"プロデューサー"（メディアやテレビ業界の用語を拝借）と呼ばれる人たちが企画・制作を行っていたのだ。

　これらの仕事は、数年のあいだに複雑さを増したため、最終的には2つの異なる役割に枝分かれした。1つは、何を制作するかを企画し指揮することに焦点を当て（プロダクトマネージャー）、もう1つは実際の制作作業を担ったのである（フロントエンドエンジニア）。当時、HTMLマークアップやそのほかのフロントエンド言語に対する偏見があり、フロントエンド開発者たちがエンジニアリング組織に仲間として受け入れられるまでには多少の時間がかかった。しかし、ここで重要なのは、少なくとも90年代のインターネットベンチャー（「ドットコム企業」と呼ばれるもの）の1つであるYahooでは、プロダクト部門の役割とプログラミングの仕事は元は同じところから来ていたということだ。

　今日に至っても、プロダクトマネジメントの仕事は非常に技術的なものである。優秀なUX担当者は、デザインするテクノロジーやそのために利用するテクノロジーに対して深い関心を持つようになる。それはアーティストが自分の使う素材を理解しようと努力するのと似ているが、同時に、UXデザイナーには既存の技術スタックやコードベースの明らかな限界を気にせず可能性を探求する権限が与えられている。

　それとは対照的に、プロダクトマネージャー（「テクニカル」プロダクトマネージャーに限定せず）は、取り組んでいるテクノロジーの本質や特性、そして限界についてさらに深く掘り下げる必要があり、それらを脇に置いて先に進むことはできない（またPMは、UXデザイナーに比べてエンジニアと直接仕事をする時間が長いため、難しい意思決定に関わる技術要素について完全に把握し指揮できなくてはいけないというプレッシャーもある）。

　エンジニアリングとビジネスの両方を主体としたハイブリッド型プロダクトモデルは、ほとんどの会社が今もウォーターフォール型やコマンド・アンド・コントロール型のソフトウェア開発サイクルを実践し続けていることから、未だ不十分な点が多い。しかし、ミレニアムの最初の十数年のあいだに、シリコンバレーで成功を収めた手法を研究していた数人の影響力あるプロダクト実践者たちが、「リーン」で「アジャイル」で「完全な権限を与えられた」プロダクトマネジメントという新しいモデルを確立し始めた。

実験的な試みの探究者としてのプロダクトマネージャー

　Silicon Valley Product Groupのコンサルタントで『Inspired　熱狂させる製品を生み出すプロダクトマネジメント』（日本能率協会マネジメントセンター刊、2019年）の

著者であるマーティ・ケーガンは、価値あるプロダクトを市場に投入するためには、問題領域を調査し、ディスカバリーのプロセスを実施し、顧客や見込み顧客に直接会い、人々が何を求めているのか、また何が喜ばれるのかを深く理解するために活動する権限をプロダクトチームに与えることが重要だと力説している。

プロダクトコンサルタントとして企業に助言を行うリッチ・ミロノフは、臨時プロダクトエグゼクティブの役割を担い（彼はこれを、森林火災時のパラシュート降下消防隊員を意味する「スモークジャンパー」と呼んでいる）、執筆活動をする傍らワークショップの講師も務めている。マーティやリッチを含め、プロダクトのプロフェッショナルたちは、プロダクトマネジメントの水準を引き上げ、最も効果的なテクニックやアプローチや考え方を伝える一方で、そうしたアプローチの障害となりかねない制度的パターンやインセンティブについて洞察を深め慎重な姿勢を保ってきた。

たとえば、それぞれが裁量を持つ有能なプロダクトチームには、目指す目標と望む成果が何であるかをしっかりと理解し、それらを達成するために実験的なプロセスを繰り返し行うことが求められる。計画の現状の概要をロードマップ形式（これについては後ほど詳しく説明する）で関係者に共有し、現在何が進行中で今後は何が予定されているのかを伝えられなくてはいけない。古い体質の組織に属するリーダーの中には、ロードマップでのコミュニケーションに躊躇する人も多い。特に、ロードマップを確認するよう求められた際に、自分の頭にあったものがプロダクトの確実なリリース日と、その日に必ずローンチしなければならない機能の明確な定義だけであった場合はなおのことだ。

しかし、1つの機能を完璧な仕様書に基づいて定められた日にリリースすることにこだわるのは、大惨事のもとである。そのやり方では、新しい情報や、ユーザー、ステークホルダー、そして変わり続ける市場状況などから得られるデータが更新された際に対応しきれず、失敗するのがおちだ。

これは、エリック・リースの著書『リーン・スタートアップ：ムダのない起業プロセスでイノベーションを生みだす』（日経BP刊、2012年）で広められた「リーン・スタートアップ」ムーブメントと同じ考え方である。エンパワーメントされたチームのプロダクトマネージャーは、次の3つのことを継続的に反復するサイクルを実施している。①現在「提供しているもの」と「一般に流通しているもの」から学習する。②そこで得た学びを、新たなディスカバリープロセスに反映させる。このディスカバリープロセスは、「仮説の検証」、「理解度の向上」、「問題領域の再定義」、「探究価値のある機会や実験的試みの特定」、そして「次に何を構築し修正するかの決定」

に有用な定性調査を行うことで推進される。③このサイクルを新たに開始するためにプロダクトを構築する。

　図1-1に示すこのサイクルは、詳細にモデル化することが可能だが、ほとんどの場合「構築、測定、学習」に簡略化される。

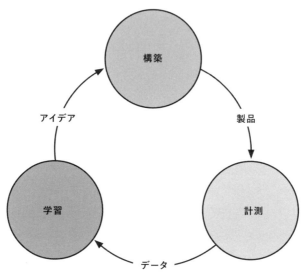

図1-1
「構築、計測、学習」は、リーン方式のプロダクトマネジメントの基本となる、シンプルだがパワフルなモデルだ。「Bias for Action」（訳註：よいと思ったら迷わず行動すべし、という思考。アクション・バイアスとも）の姿勢を大切にし、学習と実験を重視している。

　注意してほしいのは、この図の表示の仕方や、これが循環するサイクルであることとは関係なく、普通は構築から始めたりしないということ。まずは何かを学習することか計測（当初は評価と呼んでいた）することから始め、何かについて知識を深め、それから何かを構築する。

　学習、ディスカバリーへのフィードバック、問題と機会の再定義、および反復設計をコンスタントに行うこのプロセスは、新しいアイデアを試作・検証中の初期段階だけでなく、プロダクトのライフサイクル全体を通して適用できるものだ。このアプローチは今も支持者を増やしている（一例を挙げるなら、ジェフ・ゴーセルフとジョシュ・セイデンは実験を活用するというリーン方式の思想をUXコミュニティに広めようと尽力してきた）。しかしながら、革新的なテック企業やスタートアップ以外では、「プロダクトマネージャーは実験者（あるいは“マッドサイエンティスト”）たれ」という考え方は、あまり浸

透しておらず広くは受け入れられていない。

　しかし、どんなプロダクトマネージャーもデータを扱い、週に何時間もかけて綿密に研究している。学習とイテレーションをどのようなサイクルで行うにしても、何がうまく機能していてどうソフトウェアが使われているのかに関する正確なデータがなければ、プロダクトマネジメントはできない。また、計測可能なものをマネジメントすることが重要であるという点は、ビジネス、エンジニアリング、起業的実験など、これまで述べてきたすべての要素に共通して言えることだ。

　今の時代に、理想的なプロダクトマネージャーの実現に貢献する特別な能力の持ち主の代表格といえば、そう、デザイナーである。

創造性に優れたアーティストとしてのプロダクトマネージャー

　実験を重視するプロダクトマネージャーは、よくいる数字人間や財務屋というよりは、クリエイティブなタイプの人物だということが言える。常に可能性を追求し、深刻な問題に対する新たな解決策を見出すための方法を探り続ける人だ。

　ビジネススクールの生徒たちに馴染み深い「デザイン思考」という概念とともに、さまざまな形態のユーザーエクスペリエンスデザインが台頭したのは、Appleコンピュータがもたらした創造的神話やスティーブ・ジョブズという英雄的存在、そしてデザイン愛好家にとっては、ジョブズと工業デザイナーのジョナサン・アイブとのコラボレーション、といったことが広く知られるようになった時期と重なる。

　突如として、クリエイティブな創業者たちが自身のスタートアップの起業資金を得るようになった。ほかのスタートアップ企業は、立ち上げのかなり早い段階で一人目のデザイナーの採用を行っていた。デザイン（または「デザイン思考」）は、創造性を活かし、興味を引く問題に対する革新的な解決策を生み出すための確実な方法を提示するものだった。

　プロダクトマネジメントにも進化があった。初期のPMはUXデザインを軽く見ており、リサーチもせずに自分たちでワイヤーフレームを作成して色付けだけデザイナーに任せる、といったようなことをしていた。しかし今、プロダクトマネジメントに関わる者は、顧客体験のリサーチとデザインを、プロダクト開発に欠かせない重要なスキルとテクニックを有する中核的な専門分野として真面目に捉えている。また、人々に愛され繰り返し必要とされるプロダクトエクスペリエンスを開発するために必要なマインドセットも育んでいる。

　リーン・ムーブメントは、すでにその焦点を顧客（または潜在顧客）へと確実にシ

フトしていた。UX リサーチとデザインも、まったく同じことにこだわって展開している！UX の分野には、顧客から学習するための手法と伝統がある。そして UX は、解決策を探究し伝えるためのシステムやモデル、ツールを提供するものでもあるのだ。

デザインはまた、問題を見直し前提や推測に疑問を投げかけることに長けている。そして、周りの人たちの創造性を盛り立て 1 つに集結する役割を担っているという点で、UX デザインのリーダーとプロダクトマネージャーは似通っている。そのため、事業責任者、コーダー、創業者タイプの人がプロダクトマネージャーに転身するのと同じように、ユーザーエクスペリエンスのデザイナーやマネージャー、ディレクター、VP の中には、キャリアアップに伴いデザインとの関連が深いプロダクトの道に飛び込む人もいる。

優秀なプロダクトマネージャーに共通する、その他 3 つの特徴

優れたプロダクトマネージャーは、次のような性格である傾向が強い。

- 好奇心旺盛
- 物事をつなぐことに長けている
- 度胸がある

彼らは、おせっかいとも取れるほど "好奇心旺盛" で、詮索好きだ。「すべてを把握していたい」タイプで、あらゆることに目を配っている。そして、驚くほどハイコンテクスト（訳註：文化の共有性が高いため言葉以外の表現でもコミュニケーションが取れる状態）で、物事を徹底的に理解しないと気が済まない。

また、"物事をつなぐ" ことに長け、絶えず「点と点をつなぐ」ことで全体像を形にし、仕事のパフォーマンスを調整し、人の輪を維持することができる。感情的知性と「ソフトスキル」、そしてチームが成長し良好に機能するための暗黙の絆を育むことができる接着剤、潤滑油、架け橋、そんなところだ。

彼らは、リスクを負うことも、間違いを犯すことも、問題に真正面から向き合うことも恐れない "度胸" がある。失敗を冷静に評価することができ、どんな経験からも、それが良いものだろうと悪いものだろうと、貪欲に学びを得ようとする。こうした勇気ある行動は、周りの人たちにより一層努力し難易度の高いゴールを目指そうと思わせる雰囲気を作り出す。

つまり、PMとは何をする人？

　さて、これでもうプロダクトマネージャーが何に責任を持つのか（価値と焦点）、どこから来たのか（あちこちから！）、そして優秀なプロダクトマネージャーに共通するものは何か（ビジネスセンス、起業家精神、技術的才能、実験志向、創造性、探究心、感情的知性、勇気。シンプルでしょう？）がわかっただろう。　が、しかし、彼らはPMとしての責務を果たすために、自身のスキルと適正能力をどのように活用しているのだろうか？　プロダクトマネージャーの主な活動、プロセス、タスクとは何か、つまり「PMは、いったい1日中何をしているのだ？」

　プロダクトマネージャーが職場でどんな1日を過ごしているかについては、第2章の「プロダクトマネージャーになりたい？」の「PMの典型的な1日」を参照していただきたい。

この章のまとめ

- プロダクトマネージャーは、価値に責任を持つ。十分に価値のあるプロダクトは顧客を喜ばせ、そのプロダクトを制作している事業を経済的にサポートできる。

- プロダクトマネージャーとプロジェクトマネージャーを混同してはいけないが、通常プロダクトマネージャーは、プロジェクトマネジメントの責務も一部担っている。

- プロダクトオーナーは、アジャイル開発／スクラムを指揮する役割を持ち、プロダクトマネージャーとは異なるが、プロダクトマネージャーの中にはプロダクトオーナーの役割を担う者もいる。

- プロダクトマネジメントは、プロダクトマーケティング、事業分析、プログラムマネジメントなど、MBA課程で学ぶ業務の影響を受けたビジネスの一分野として生まれた。

- ソフトウェア開発業界では、多くのエンジニアリングマネージャーがプロダクトマネージャーの道に進んでいる。

- 起業家の美徳といわれる実験志向、探究心、そして「構築、計測、学習」サイクルは、シリコンバレー（あの、シリコンバレー）で誕生した。

- 今日、UXのデザイナーやマネージャーがプロダクトマネジメントの職に就くことが一般的になりつつあり、デザイン技術がもたらす創造性と革新性をプロダクトの世界に加えている（それがあなたのいる世界）。

- 優れたプロダクトマネージャーとは、（いい意味で）おせっかい焼きで、ソフトウェアを構築する雑多な要素（アイデアから人まで）をひとつに束ね、見識と、より素晴らしい価値を求めてチームを未知なる世界へと導く勇敢な人である。

Chapter

2

プロダクトマネージャーに
なりたい?

これまでのところ、プロダクトマネージャーという役職は結構良いものに聞こえているかもしれない。責任範囲があまりに広く、いいように使われすぎと言えなくもないが、プロダクト構築のために必要なさまざまなことに対して極めて重要な役割を果たし、最も影響力のあるUXリーダーと同然かそれ以上に力の範囲を広げられる可能性もある。

　もし、あなたがすでにプロダクトチームの中でUXを実践している、プロダクト重視の組織モデルへ移行しようと準備を進めている、あるいはUX担当者としての責務に加えてプロダクト側の役割もこなすよう求められている、というならば、プロダクトマネージャーに必要な素質は何か、そして実際のところプロダクトマネジメントが何を意味するのかを理解したいと思うのは当然のことだろう。

　その先にあるのは、UXに限定された役割から離れ、自らが専任のプロダクトマネージャーになるという考えだ。もしかしたら、あなたはプロダクトマネージャーになりたいのかどうか自問し始めているか、その思いが確信に変わりつつあるのを実感しているのかもしれない。もしそれがこの本を手に取った理由の1つならば、この機会に昔ながらの「なぜなぜ分析」をやってみてはいかがだろうか。ではまず、最初の質問。「なぜプロダクトマネージャーになりたいのか？」

なぜプロダクトマネージャーに？

　プロダクトマネジメントの仕事を効果的にこなす上で直面する課題については後ほど見ていくとして、プロダクトマネジメントがUX担当者にとってのキャリアアップの道として考えられる理由はいくつかある。あなたにとっての理由は、次のようなことかもしれない。

プロフェッショナリズムやキャリアを求めている
- 専門職として興味がある
- より高い能力を身につけてキャリアアップしたい

野心がある
- 所属する組織構造の現状を変えたい
- 権力を手にしたい（まさに「ダークサイド」）

興味の矛先が変わった
- UX担当者としての仕事に対する興味が薄らいだ
- プロダクト分野のビジネス的側面に魅力を感じる

プロフェッショナリズムやキャリアを求めている

　もちろん、UXのキャリアパスは組織によってさまざまだ。しかし、ユーザーリサーチやUXライティングなど、デザインやデザイン関連業務の領域で定番のキャリアアップの選択肢といえば、ほかのデザイナーを束ねるマネージャーになるか、IC（個人貢献者）として模範となる主任責任者を目指すかである。

　しかし、組織のなかには、第3の道を提供するところもある。それは「マネージャーになる」という道に近いものだが、デザイン領域からはかなり外れることになる。つまり、ある段階でプロダクトマネージャーになり、そのままその梯子を登っていくという選択肢だ。

　たとえば、Verizonに吸収される前のYahooでは、UED（ユーザーエクスペリエンスデザイン）のVP（最高責任者）だったラリー・コーネットが、同じチームのプロダクトのVP（VPoP）に「昇進」した。UEDのシニアディレクターだったルーク・ウロブレフスキーも同様に、プロダクトのキャリアへ進んでいる。これがいわゆる「勝てない相手なら仲間になればいい」アプローチだった（図2-1参照）。

図 2 - 1
Yahooのラリー・コーネット(左)とルーク・ウロブレフスキー(右)は、ユーザーエクスペリエンスの責任者からプロダクトの責任者へキャリアアップした。

つまり、企業が好条件・高満足度のキャリアチャンスをより多く用意してUXの人間をプロダクトの道へ向かわせる場合もあるということだ（別の選択肢として、UX担当者というキャリアや専門職としての機会の向上を訴えて戦う道もある。しかし、自分が今いる状況のなかでどう行動するのがベストなのかを見極めるために、現状を評価してみることも大切だ）。キャリア変更を考える要因となるプレッシャーは、基本的には外部から与えられるものだ。時間をかけて検討することをお勧めする。選択肢は複数あることを念頭に、自分が本当は何を求めているのか、転向したい動機は何なのかということにも目を向けて、可能な限り希望に沿った道を選ぶようにしたいものだ。

野心がある

　重要な事柄に対する最終的な決定権を持ちたいというのが、プロダクトマネージャーを目指す動機になっている人もいる。UXの人間は何を聞かれても「それは状況次第だよ」と答えをはぐらかすのが定番のイメージだが、彼らの多くは、いくら自分の意見の正当性を主張し、ユーザーの立場に立ってリサーチやデザインのイテレーションを推し進めても、ユーザー中心のデザインの重要性をあまり理解していないであろう別の畑の人間に覆されてしまうことにフラストレーションを感じている。

　たとえ限定的であったとしても何かを決定する立場の人間になりたいという欲求や、重要なことが議論・検討される場に居合わせたいという願望が、プロダクトマネジメントの道に向かわせる理由になっていることもある。そうした誘惑は、UXの同僚の目には「ダークサイド」への媚び、もしくは権力欲（もしあるなら）を満たすためにUXの崇高な目的を裏切る行為とさえ映るかもしれない。

　野心を持つのは悪いことではない。物事に対する発言力が欲しいと思うのも当然なことだ。同時に、何を望むかは慎重に考えたほうがいい。プロダクトの肩書きを得て組織内での力を増すことで生じる、意図しない結果が2つ考えられる。

- UXを支配下に置きながら、その価値を賢く活用できないまま、プロダクトマネジメントへの粗雑なアプローチを慢性化させてしまう。
- 仕事に対する意義を見失ってしまう。

　どちらも、必ずしも起こるというわけではないが、プロダクトマネジメントの道を選ぶ理由が野心だけによるものならば、そうなるリスクはかなり高くなる。

　PMになった際に必ず経験することになる「副作用」というのが、意思決定に伴

う重圧である。英語のことわざにある「車に追いついた犬（訳註：目的達成後の次の行動がわからなくなる状態のたとえ）」のように、求めるものの大きさを把握しないまま手に入れれば、自分に課せられた難しい決断への重責に圧倒されてしまう。この役割を引き受けた以上は、避けられないことだ。しかし、そこにやりがいを感じて成功する人だっている！

UX／プロダクトマネジメントの現場から

「あるある」のプロダクトマネージャーになりかけている44の兆候

　ジョン・カトラー（Amplitudeのプロダクト研究・教育責任者）は、「あなたがプロダクトマネージャーになりかけている44の兆候」というエッセイの中で、プロダクトマネージャーに与えられた意思決定者としての責務には数々の困難が伴うことを予告している。彼はまず、「自分がPM／POにふさわしいと思える理由は何？　どんなシグナルが認められたから？　初プロダクトをリリースしたから？　資格を取るから？　優れたロードマップを作成できるから？」と尋ねたあと、「いや違う、この44の兆候があるからだ」と言い切る。（許可を得て転載）

1、チームをひどく苛立たせていると感じる。
2、びくびくしながら作業見積もりを頼んでいる。
3、見積もりに何の意味もないことに気づいてはいるが、それでも「おおよそのタイムフレーム」を設定しないといけないプレッシャーを感じる。
4、自分の直感が正しいと思う理由をうまく説明できない（そしてその直感が正しい）。
5、自分の直感が正しいと思う理由をうまく説明できない（しかもその直感が間違っている）。
6、完成できていないのにリリースするようプレッシャーをかけられる。
7、何ヶ月も前にリリースすべきだったものを、いまだに完璧に仕上げようとしている。
8、ユーザビリティテストで厳しい現実に直面する。
9、非の打ち所がないロードマップを作成し全員に納得してもらったあとで、一瞬にしてすべてが変更になる。
10、些細に思えたディテールを見落としたために、大幅な遅れを引き起こす。
11、重要だと思ったディテールにこだわりすぎて大幅な遅れを引き起こした挙げ句、顧客に何の価値も生み出さない。

12、解決策を重視しすぎだと非難される。

13、レベルが高すぎだと非難される。

14、新たな競合他社に押され気味だ。

15、チームに悪いニュースを伝えなければならない（多くの場合、自分に非がある）。

16、競合相手のことや、彼らのプロダクトマネジメントの手法に嫉妬する（彼らが
毎回ブログでそれを紹介するので、否が応でも思い知らされる）。

17、技術面に強いことを自負しているが、日々謙虚になれる。

18、UXに精通していると自負しているが、日々謙虚になれる。

19、ビジネスに精通していると自負しているが、日々謙虚になれる。

20、「自分のチーム」と言いながらも、チームに対して微妙に距離を置いてしまう。

21、チームを「混乱させまい」として、逆に透明性を欠いている自分に気づく。
そしてそのことが、のちに自分の首を絞める。

22、エンジニアに言われたことをオウム返しにしているだけで、実際はほとんど
理解していないことに気づく。

23、バックログやロードマップをもっと見やすくしてほしいと言われ、直したつも
りが嘲笑される。

24、丸一日会議ずくめだったのに、自分が何の価値も生み出さなかったことに
気づく。

25、素晴らしい会議を主導できたと思ったが、誰も気づいてくれない。

26、完璧なワイヤーフレームを作り上げてから、自分にはデザインのアイデアが
特にないとUXチームに伝えようとする。

27、誰も使わない無駄な機能をリリースしてしまう。

28、優れた機能をリリースするも、誰にも気づいてもらえない。

29、幹部のアイデアを実装しなくてはいけないが、その案は愚策だと思う。そ
して今、その案のリリースの成功を謳うごますリ劇場に耐えなければならな
い。

30、出荷済みの機能のフィードバックを検証するそばから次の機能をリリースし
なくてはならず、追い詰められる。

31、ほとんど同じ2つのアプローチの技術的メリットをめぐり議論するチームを
前に、気が狂いそうになる。

32、自分が推す解決策と、チームが提案したほぼ同一のアプローチがある場合
に、自分の策のほうが優れていると主張する。

33、顧客に「ロードマップにそうあるので」と言って、大笑いされる。

34、自分の影響力や見解の正しさを証明したくて他人の意見に「ノー」と言う
　　が、あとになってそれが愚かなことだと気づく。

35、誤った考えに取り憑かれて顧客に「イエス」と言ってしまい、あとになって、
　　その顧客しか使わない機能を頑なに守ろうとしていることに気づく。

36、技術面が足りていないので、この役職にふさわしくないと言われる。

37、技術面が強すぎてソフトスキルが足らないので、この役職にふさわしくない
　　と言われる。

38、参加したカンファレンスでリーン・スタートアップの手法を学び職場に戻ると、
　　「仮説」という言葉を聞いただけで拒絶反応を起こす人たちに直面する。

39、「絞めるべき唯一の首」、つまり、ひとりで全責任を負う立場になる。

40、チームの尻拭いに奔走している自分に気づく。

41、気がつけば、チームへの呪いの言葉を呟いている。

42、肩書きでは命令を下す立場のはずが、命令されている。

43、チームに指示を与えていたつもりが、代わりに権力を与えていた。

44、自分の過ちから学んだはずだが、不思議と同じ過ちを繰り返している（むろ
　　ん、学んだことを忘れていないか確認するためだ）。

正当な理由は必要？

　先に挙げた理由はすべて妥当なものだが、それぞれに注意点や、たどり着きやすい結果というものがある。成長の可能性を探るのに正当な理由など必要ない。しかし、プロダクトマネジメントのキャリアを追求した場合とUXにとどまった場合のトレードオフ（二律背反性）や機会費用（他方を選択していたら得られていたかもしれない最大利益との差）について、時間をかけて考えてみることも大切だ。

　特に、「隣の芝は青く見える」現象に陥って、代替案や自分が選ばなかった道の利点を美化してはいないか、隣の芝が青い理由である草刈りや雑草取りや肥料散布を怠ってはいないか、よく分析してみてほしい。

　とりわけ、"プロダクトマネジメント"というキャリアパスを選択しようとしているUX担当者は、その仕事の日々の現実がどのようなものか理解しておくべきだろう。

でも実際、本当に何してるの？

UXの人間がプロダクト陣と緊密に仕事をするようになると、互いの責任が重複するグレーゾーンがあることにすぐに気づく。そして、少々不安になったりもする。確かに、この2つの役割は多くの価値観（ユーザー重視、リサーチ、イテレーション、テスト／測定など）を共有している。共通の関心事を抱えているが故に役割の違いが不明瞭になりがちなので、両者の職務が実際はかなり異なるものだということを知っておく必要がある。

プロダクトマネジメントをキャリアにと考えている人は、まず次の3つのことを自問してみよう。

- 表計算ソフトが好きか？
- 文章を書くのが得意か？
- インターパーソナル・ダイナミクス（対人力学）に強い関心があるか？

プロダクトマネジメントはデザインをする仕事ではない。確かに、デザインの知識やユーザーエクスペリエンスに対する気配りは必要だ。しかし、プロダクトマネジメントの日常業務や制作作業にグラフィックデザインが含まれることはまずない。

たまには図を描くこともあるし、ワイヤーフレームやプロトタイプでさえ自分で作成するPMも多いが、そういう人たちですら、大半の時間を画像ではなく文書やデータに費やしている。

FigmaやSketchやSwiftを使って日がな作業するのが好きな人にとっては、それをすべて諦めてプロダクトの役割や責任に集中するのは、あまり楽しいものではないかもしれない。クリエイティブなアート制作ソフトにどっぷり浸かった生活の代わりに、Jira（通常はConfluenceと併用）のようなアジャイル開発／スクラムのプロジェクト管理ツールを使って次のようなことに時間を使うようになるのだから。

- 仕様書の作成
- エピックをユーザーストーリーに分割
- プロダクトバックログのリファインメント
- 今後のスプリントを計画
- チケットに関する開発者からの質問に回答

- デモをレビューし、OKを出すか修正を依頼
- 自動テストのデータ分析
- バーンダウンチャートやそのほかのツールで進捗状況を確認
- レトロスペクティブ（振り返り）を実施

ほかには何に時間を使うだろうか？　Eメール（かSlackか。どちらにしても、大量の
メッセージを書き、返信する）。それから、カレンダーソフトで制作者サイドの最も生産
性の上がる時間帯を避けてミーティングをスケジュール。通常2週間ごとに繰り返す
アジャイルのセレモニー（プランニング、デイリースクラム、デモ［レビュー］、振り返り）を取
り仕切り、毎月とは言わないまでも、四半期ごとに親会社や幹部、取締役会にロー
ドマップの更新内容を報告する。

　今挙げたのは、文書作成の部分だけだ。

　優秀なプロダクトマネージャーになるには、数字や計算、分析、表計算、データ
ベースが相当好きでなくてはいけない。PMの仕事が主に数値情報とデータを拠り
所とするからだ。次に何をリリースすべきか、そしてリリース済みのプロダクトがどのよ
うな成果を上げているかを教えてくれる重要なシグナルは、膨大なデータの波形の
中にある。それを読み解くためには、取得した情報の調整やリフレーミング、研究、
そして深い理解力が求められる。

UX／プロダクトマネジメントの現場から

PMは全員が数字オタクにあらず

　Blendの主任PMを務めProduct Manager HQ（PMHQ）の共同設立者でもあ
るクレメント・カオは、「例外的に、真に優秀なBtoBのPMというのは、個々の
顧客の優先事項やニーズや考え方を十分に理解しているので、数字に強くなくて
も問題はない。でも、BtoCビジネスにおいては、数字から逃れることは絶対に
不可能！」と指摘する。

　また、Sudden Compassのマット・ルメイは、なかなか良いところを突いてい
た。「確かに回避不可能な場合が多いが、誰もがそうだとは限らない。現に僕は
それら（数字、計算、分析、表計算、データベース）のどれひとつ好きではないけど、
君が先に述べた3つの資質（好奇心旺盛、物事をつなぐことに長けている、度胸がある）
は持ち合わせているよ」

UXデザイナーが扱う素材は、言葉（コピー）、視覚的なメタファー、インタラクション、そしてより広範な体験といった、エクスペリエンスを実体化したものだ。陶芸家が粘土の質感や粒度や自由形成可能な特性に対して繊細で洗練された感覚を養うように、UX担当者もまた、デジタルソフトウェアの素材に対して同じような感覚を発達させ、アフォーダンスをデザインしている。

プロダクトマネージャーの場合、実際に扱うのはデータの塊である（もちろん、定性的なシグナルも）。そしてそのデータには、固有の質感があり粒度があり、有益な情報を伝達する特性がある。自分のプロダクトのデータを理解するために必要な感覚を身につけるには、相応の時間をかけて没入的に関わるしかない。

プロダクトマネージャーは、第六感とも言うべき超高感度なアンテナ（アメコミ好きな人なら"スパイダー・センス"と呼ぶかも）を発達させて、ノーススターメトリック（North Star Metric／北極星指標［訳註：チームの目標、方向性、成功を計る尺度。同組織内のメンバーの方向性を統一するための指標]）の朝一のレポートから、その日のアクティブユーザー数に予期せぬ落ち込みがあることや売上が急上昇する前触れが読み取れた際には素早く反応する（しかもこれは機械学習［ML］やその他の人工知能［AI］に触れる前の話だ）。

もしあなたがチャートやグラフ、多次元データの視覚化、数値分析、執拗な調査など、とにかく「データに埋もれて」生きることが好きなら、プロダクトマネジメントはうってつけの仕事になるだろう。

PMの典型的な1日

UXに従事する毎日がどのようなものかは、当然よく知っているだろう。役割にもよるが、おそらくは、ユーザーインタビューやほかの形式でのリサーチとディスカバリーの実施・分析や、デザインソリューションの高レベルで詳細なスケッチ、探索、イテレーション。ほかにも、同僚のデザインワークの批評とレビュー、プロトタイプの開発とテスト、生産可能なインターフェースの作成などに取り組むのではないか。

1日中、ほとんど誰ともコミュニケーションを取らず、目の前の大きなモニターを埋め尽くす図面や画像に可能な限りの時間を費やし、難しい課題に対してより満足のいく解決策を見つけるための創造的作業に没頭していることだろう。

どの日も同じというわけではないが、一定のパターンがある。

同様に、プロダクトマネージャーの日常も、当人が開発リズムのどの位置にいる

か、チーム内で果たす役割が何か、そして所属する組織がプロダクトマネジメントに対してどのようなアプローチをとっているかによって異なる。

しかしここでも、ある種のパターンが見て取れる。

たとえば、プロダクトマネジメントには複数の役割があるが、キャリア全体を通して、実際の多くの勤務日の典型的な流れは次のようなものだ。

自宅にて／出勤前

午前4時30分——夜中に目が覚めて、誰もチェックしていない重要事項があることを思い出す。枕元でメモに書き留めるか、ベッドから出て仕事部屋へ移動し、Jiraのチケットを更新したりメッセージに返信したりしてから、水を1杯飲んでベッドへ戻る（起きているあいだに、リモートチームからの夜間メッセージにいくつか返信することもある）。

午前6時30分——起床。スマートフォンでSlackをチェックし、メッセージに返信する。毎朝のルーティン：コーヒー、シャワー、身支度、コーヒー、朝食、Eメール、Slack、Jira、そしてコーヒー。

午前7時30分——ノーススターメトリックの更新データを確認。気になることがあればソースデータを調べるが、時間を気にしていないといけない。もし脅威か有益かになる何かが見つかりすぐに対処できそうなら、チームのほかの人たちに通達して手遅れになる前に対処法の検討を始める。

職場にて／出勤後

午前9時——チーム（開発者、毎回顔を出すとは限らないがUX担当者、そのほかの貢献者など）とデイリースクラムを開始。このとき、事実上PO（プロダクトオーナー）の役割も兼任している。

- ドーナツを持参する（ときには言葉通り、ドーナツを持っていくと場が和むが、チームに対する思いやりや謙虚さをドーナツに例えた比喩としても。プロダクトマネジメントのエキスパート、ケン・ノートンが広めたPMの心得だ）。
- 昨日達成したこと（達成予測と比較してどうだったか）、今日取り組むべきこと、そして進捗の妨げとなる材料の有無を、各メンバーと簡単に確認する。

- ミーティングを停滞させないように、すぐに明確にできることはその場で対処し（「ねえアンキット、GitHubに必要な認証情報をアリーに伝えてくれる?」とか）、そのほかのことは後回しにして別の機会にフォローアップする。

午前9時30分〜午後2時30分頃——以下のことを、折りを見て実行する。

- ほかのマネージャーたちとのミーティング（生産的なミーティングができる人たちに限る）。これには通常、隣接するチーム（エンジニアリング、UX、販売、運営など）のリーダーや自分の上にいるマネージャー、そしてもしいる場合は、自分に直属のマネージャーなどが含まれる。
- 顧客、潜在顧客、そのほかのステークホルダーとのコミュニケーション。
- 仕様書の作成、ロードマップのレビュー、バックログのリファインメント、メッセージへの対応。
- 顧客からのフィードバック、プロダクト分析のダッシュボード、売上予測、Excel上の詳細な損益計算表、OKR（目標と主要な成果）やその他の重要業績評価指標に対する進捗状況の定期的な再評価など、さまざまなデータを分析。
- 自分のデスクで昼食。

午後2時30分〜5時30分頃

- メーカーと、先方の終業時間近くにミーティングをする。普段自分と直接やり取りする担当者がいる場合は、1対1で定期的に行う。そのほかにも、チームメンバーとのミーティングを設け、問題の究明と解決策について話し合ったり、タスクベースで進捗状況を確認、指導、サポートを行ったりする。
- 仕様書の作成、ロードマップのレビュー、バックログのリファインメント、メッセージへの対応、データの分析。

再び自宅にて／終業後

午後6時〜??——ようやく以下のことをする時間を得る。

- 業界記事、プロダクトに関するエッセイ、同僚からの報告書など、勤務時間

内には読むことのできないボリュームのある文書を読む。
- 長文の書き物や分析、モデル制作プロジェクトなどに、中断することなく取り組む。
- 家族や大切な人と過ごす時間を設ける。
- 寝る前にもう一度データをチェックする。

以上に挙げたのは、あくまでも私の1日だ。今後はほかのプロダクトマネージャーが共有してくれた彼らの典型的な1日も紹介していくので、プロダクトマネジメントや実践環境のさまざまな側面について、より広い見解が得られると思う。

プロダクトマネージャーになりたくなくなってしまったら?

単なる興味本位でプロダクトの道を選んだにせよ、自分はUXのほうが合っていることに気づきプロダクトマネジメントの魔法から覚めてしまったにせよ、UX担当者としてプロダクトマネジメントのことをできる限り理解しておくことは、仕事上関係するほかの隣接分野を理解するのと同様に必要である。ありがたいとは思うものの自分ではやりたいと思わない仕事に、ほかの誰かが手を挙げてくれることに安堵さえしているかもしれない。

もしあなたがまだ迷っているのであれば、この先を読むことでキャリアの決断を後押ししてくれる有益な情報が得られるだろう。

そして、将来的にどの方向へ進むにしても、自分のことを単にUXデザイナーとしてかユーザー志向のデザイナーとしてではなく、PMやプロダクトエンジニアとともに働くプロダクトデザイナー(もしくはリサーチャーか戦略担当者)として意識するなど、プロダクト志向のマインドを培うことはきっとあなたの利益になる。

同様に、もしあなたがPMの肩書きを持たない(望まない)のにプロダクトの非デザイン要素を担当するように迫られる大勢のUX担当者の1人で、不在のPMに代わって力を尽くしている、あるいはUX担当者に対しプロダクトの仕事を多量に割り振ってくる組織の中で働いているのであれば、本書で得る洞察は大いに役に立つだろう。

だから、単にプロダクトマネージャーとの仕事をもっと生産的なものにするためにプロダクトの視点を理解したいのだとしても、その理解をさらに深め、コラボレーションをより促進するために、是非このまま読み進めていただきたい。

この章のまとめ

- UX からプロダクトへの移行を検討するのに妥当と思われる理由は数多く
  あり、その中には外的なプレッシャーによるものもあれば、内的かつ本質
  的な欲求によるものもある。どの理由にも注意すべき点はあるので、自身
  の理由についてよく検討しその要因のプラス面とマイナス面を明らかにし
  て、しっかりと見定めることが肝要だ。

- プロダクトマネジメントに転向したい理由の上位は、プロフェッショナルと
  してのキャリアアップを望むから。そして仕事に対する興味（「やりがい」）
  に変化があったから。

- プロダクトマネージャーは、グラフィックや図表を描くよりも文章を書いた
  り数字を扱ったりすることに多くの時間を費やす。

- プロダクトマネージャーとして成功するかどうかは、データを深く理解する
  意欲と能力にかかっている。もしデータや数字に興味を持てない（もっと言
  えば、「楽しい」と感じられない）なら、この仕事には向かないかもしれない。

- プロダクトマネージャーの典型的な 1 日は、UX 担当者のそれとは大きく異
  なる。

Chapter 3

プロダクトマネジメントにも応用できるUXスキル

プロダクトマネージャーとUXプロフェッショナルの職務には、必ず重なる部分がある。しかしこの重複は、変に躊躇しないで真摯に取り組めば両者に適度な緊張感をもたらし、そうできなければ無駄な縄張り争いになってしまう。

多くのUXデザイナーは、仕事が重複することについて、PMとUXにどれほどの違いがあるのか、果たして違う必要があるのかと考えたりする。新しい役割に移行することを検討している人の脳裏には、この重複に関して3つの重要な疑問が浮かんでいるのではないか。

- 自分がすでに持っているスキルのうち、「これがあるからプロダクトマネージャーとしてふさわしい」というもの（そして、新しい役割になってからも引き続き役立つもの）は何か？
- 自分がすでに持っているスキルや専門知識のうち、プロダクトの仕事にあまり関係のないもの、もしくはまったく必要ないものは何か？
- UXでの基盤を補完するために、新たに習得するべきスキルや手法は何か？

では、プロダクトリーダーになった際に大いに役立つUXプロフェッショナルの資質とはいったい何だろう？　その答えを知るには、まずUXとプロダクトそれぞれの役割と責任の境界線や違いを明確にする必要がある。

また、プロダクトマネージャー、プロダクトデザイナー、あるいはUX担当者の領域ともなり得るタスクやスキルについて少々掘り下げて、具体的な理解を得ることも大切だ。のちに紹介する"スキルのヒストグラム"なるものを活用すれば、これらの疑問の答えを各自の文脈や置かれた状況に照らして構造的に探ることができる。

ヒストグラムで各役割のコンセプトが明確になり、状況がマッピングされれば、プロダクトマネジメントのキャリアに最も直接的に当てはまるユーザーエクスペリエンスの専門スキルが具体的に見えてくるだろう。

PMはUXとどう違うのか

プロダクトデザインとUXデザインは類似点が多いため混同されがちだが、その役割や慣習や実践手法は、多くの点で大きく異なっている。

UXのプロとプロダクトマネジメントのプロとのあいだで最も重要かつ明白な相違点は、意思決定の領域にある。

決める人

　もちろん、どの役割でも意思決定が必要で、「全責任は我にあり」と言うべき責任領域がある。どんな業務も決定権を独占することはできないが、プロダクトマネジメントに関しては意思決定がメインの仕事といっても過言ではない。

　大きな決断も（新しい機能を構築すべきか、既存の機能を修正すべきか）、中くらいの決断も（今作ったものを出荷できるのか、それともまだ手を加える必要があるのか）、小さな決断も（このバグは次のリリースの妨げになるのか）、そして些細な決断も（このユーザーストーリーは、バックログにあるあのストーリーの上に置くべきものか）、すべてがプロダクトマネージャーの領域である。起きてから寝るまで、1日中ずっと決断の連続なのだ。

　もしあなたがUXデザイナーで、ときどき最終決定の場で自分が取り残された気分になっていて、プロダクトマネジメントに興味を持った理由が「決断を下す側の人間になれると思ったから」なのだとしたら、その思い込みはあながち間違いではない。しかし、ここで注意が必要だ。何を望むかは慎重に。プロダクトマネージャーは「それは状況次第だよ」とは答えられないのだから。

UX／プロダクトマネジメントの現場から

決めるのは、誰？

　プロダクトマネジメントの経験もあるUXリーダーのピーター・ボースマは、PMがすべての最終決定を下すわけではないと指摘する。UXに関する重要な選択は、デザイナーに最終決定権がある。技術的なアーキテクチャやフレームワークを決める際などには、エンジニアが責任を持つべきだ。PMが意思決定の全権を握っているということは、決してない。しかし同時に、1時間当たりに下す決断の数がほかの役割に就く誰よりも多いのは確かだ。

　それでも、経験豊富でエンパワーメントされた（独自の裁量を持つ）チームでは、PMは隣接する各分野と必ず話し合い協力を得た上で意思決定を行っている。

　マット・ルメイも似たようなことを言っていた。「有能なプロダクトマネージャーは、決して独断で物事を進めたりはしない。実際、"決める人"になりたくてPMに転向したけど、サイロ化された環境の中で独断的に意思決定を行うようになって、すぐさまチームの信頼を失ってしまった人を僕は何人も見てきた。できれば、UX出身者には意思決定に参加させてもらえない者の気持ちに敏感であってほしい。そして、何かの決断を下す際には思いやりを持った共同決定者になってくれることを願うよ」

意思決定を任された者にとってなかなか簡単でないのが、自分の決断がすべて正しいとは限らないと認識することだ。間違うこともあるという事実を受け入れなくてはならない。当然、決めたことがうまくいかない場合や、別の選択肢のほうが良かったとあとから気づくこともある。Product Manager HQ の共同設立者であるクレメント・カオは、「決断をしないということは、実は "決断を遅らせる決断" をしたということ。新人PMの多くは "まだ決断していないから自分の不利にはならない" と思いがちだが、決断を先延ばしにすること自体、何らかの結果を招く隠れた決断なのだ」と言う。

　なぜだかPMのあいだでは、どんなに仕事ができる人でも25〜30％の確率で間違った決断をするという話がある。会社を潰してしまうようなミスを犯さないことを祈るしかない。「もし自分がリリースしたプロダクトを少しも恥じていないとしたら、それはリリースを先延ばしにしすぎたからだ」とLinkedInを設立したリード・ホフマンは言っていたが、意思決定という責務を間違いを恐れずにできるようになるための理由の1つとして、とても頷けることを述べている。

　それは、1日に文字通り何十件もの意思決定を行うような状況では、決断ミスを起こす可能性を極力減らすためとはいえ、データポイントのすべてをトレースし考えつく限りのリサーチを追求し続ける余裕などないからだ。

　むしろ、「大まかな合意と実行中のコード」を重視する現代のアジャイル開発では、この問題はプロセスに織り込み済みである。

デザインの抽象化レイヤー

　プロダクトマネージャーとデザイナーのもう1つの大きな違いは、プロダクトマネージャーは「デザイナーではない！」ということだ。

　良いプロダクトマネージャーは、デザインに気を配っている。十分な情報のもとデザインがなされるよう要件や資料を提供し、ときにはデザイナーを指導し、常にデザインの構築と実装が容易に行えるようにするのが役目だ。しかし、デザイナーが最も嫌がるのは、自分でワイヤーフレームを作成したがったり、デザインの仕方についてやたらと独自のアイデアを押し付けてきたりするプロダクトマネージャーである。

　ユーザーエクスペリエンス重視を提唱し、デザインチームの領域や特権を踏みにじらないよう注意しながらデザインを評価して支持するプロダクトマネージャーこそが、優れたプロダクトマネージャーと言えるだろう。

実利主義と統合化 vs. 理想主義と純粋さ

　私がCloudOnというスタートアップ（のちにDropboxに売却）でプロダクトマネジメントのシニアディレクターを務めていた頃の話だ。私たちは、エンジニアのリーダーたちでさえ技術面やプロセス面、あるいはプロダクト面に関する意思決定を行う際に、ユーザーエクスペリエンスにとって何がベストかを優先的に考えて議論していたことに大きな勝利を感じていた。

　それが表面的なものにすぎず、厳密なユーザーリサーチやテスト結果に裏付けられた洞察などではなく、何が素晴らしい体験を生むかについての個人的な意見が主体になっていることはわかっていたが、それでも、ソフトウェア制作の最良策を探るための対話を続ける足掛かりにはなっていた。

　当時、私はUX業務も主導していた。あの頃はUXチームからの報告をただ受けていただけで（たいていの技術系組織ではプロダクトのリーダーに報告がいく）、私に影響を与え最善の道について共に議論してくれるリーダーがチームにいなかった。

　私は、UXリーダーとプロダクトディレクターという、二足のわらじを履こうとしていた。両者の相違点をできる限り洗い出し、互いに比較検討しようと試みたのだ。でも本当のところは、自分を相手にカードゲームをするようなもので、両方の立場を知っている以上議論は成り立たず、本当はどう考え何をしたいのかは常に自分自身が一番わかっていた。実際のところ、自分と意見をぶつけ合い最善の結果を導き出してくれる強力なUXリーダーを切望していたのだ。

　あるとき会議で、またもや誰かがUXのためにはこれをやる、やらない、あれを直す、直さないと騒いでいるのを見て、思わず「ユーザーエクスペリエンスなんてクソ喰らえだ」と返してしまった。要は、自分たちには細かいことにこだわり続ける余裕はなく、多少妥協してでもリリースしなくてはいけないと言いたかったのだ。

　しかし私は、そんなことを口にした自分に驚いていた。

　実を言えば、UXは理想主義者や純粋主義者、探究好きや革命好きがなるべき役割なのだ。そういった人たちにとって、妥協は容易なことではないのである。

　プロダクトマネージャーは、純粋主義や一途な理想主義では務まらない。PMにも理想がある。価値観がある。指針となる目標があり、仕える上司も大勢いる。プロダクトマネジメントの大きな役割は、やるべきことが何かを見失うことなく、競合する優先事項をバランスよく進めることだ。

　マット・ルメイは、この考えをさらに一歩踏み込んでこう強調する。「ひとつの

視点にこだわる純粋さを捨てて、統合的に物事を見て妥協することも必要という考え方がとても重要なのに、それについて十分に議論されていない」。私も、彼の言う通りだと思う。

　確かに、プロダクトマネージャーになっても図を作成したり問題を解決したりすることはある。しかし、もし、自分の情熱がデジタルデザインにあり、Sketch や Figma で仕事をするのが何よりも好きだと言うのなら、残念ながらプロダクトマネージャーがデザインソフトを使うことはほとんどないと知らなければならない。

　もしあなたが、デザインマネジメントを恐れず、才能ある個人を集めたチームでクリエイティビティを存分に発揮し、素晴らしい何かを生み出すために最高のコラボレーションを行ってきたデザイナーであれば、グラフィックソフトに没頭するチャンスがなくなったとしても、喪失感はそれほど感じないかもしれない。

UXの本領発揮！
統合化について

　おそらく、私が真の意味でプロダクトのトップに立つようになってから経験した最大の苦悩といえば、「もし自分に意思決定の全権があって自分で個人的にプロダクトをリリースできたならこうなっただろう」と思うものとは、実際の成果物がいつも何か違ってしまうということだ。片方が変わっても、もう片方が変わらなければ良いアイデアは生まれない。幸い、私は自分の想像通りにはいかないという事実を付加的で総体的なプロセスとして捉えることができるようになり、自分一人で想像していたものよりも優れた成果物を得られるようになった。UX出身のプロダクト実践者の多くは、1カ所に集中する複数の能力やニーズや板挟みの状況に総体的に対処するためのソリューションを統合することに長けているのだ。

　チャレンジを受け入れるべし！　この姿勢を取るなら、影響力が非常に強い視点や専門分野にぶつかることは避けられない。営業チーム、カスタマーサポート、CEO、データレポート、アプリストアのレビュー、ロードマップなど、そのすべてが、同時に、まったく異なる「非常に重要なこと」を主張するかもしれない。PMはそこから取捨選択をし、ときには期待を裏切る勇気も必要である。

UXとPMの日々の仕事は同じにあらず

　デザイナーの1日は、デザインのリサーチ、スケッチ、アイデア出し、批評、プロトタイプ制作、テストなどで過ぎていく。デザインマネージャーは、アートディレクションをはじめ、デザイン戦略を練ることや、デザイナーたちのキャリアや専門技能開発の管理といったリーダー的な機能を担う。

　一方で、プロダクトマネージャーは、メールを書く。Slackでメッセージを送る。仕様書を書く。企画書を書く。リリースノートを書く。バックログを整理する。ロードマップを更新し、ステークホルダーに前四半期の結果をプレゼンする。顧客と話をする。データベースを照会する。水を飲むようにデータレポートを吸収する。ベッドに横になるも眠れず、あらゆることを心配する。

UXスキル vs. プロダクトスキルのヒストグラム

　ユーザーエクスペリエンスとプロダクトマネジメントは、「寄せ集め」の分野である。どちらも複数のソースから成り立っているものであり、異領域間の融合であり、チームによって、また個人によっても異なるさまざまなスキルや適性を内包している。自分自身はもちろん、直属の部下、採用候補者、チーム全体を評価するには、「スキル・ヒストグラム」を作成するのが効果的だ。

　スキル・ヒストグラムを理解する一番手っ取り早い方法は、自分自身のヒストグラムを作成してみることだ。まず、自分に馴染みのあるUXのスキルをリストアップし、それらを戦術的なもの（デザイン技術と実践手法）から戦略的なもの（ディスカバリー、システム思考、デザインリサーチ）まで、大まかに並べてみる。

　並べる順序は重要ではない。私にとっての戦術リストを以下に示してみた。図3-1も同様である。項目は人によって異なると思うが、大体似たようなものになるはずだ。

- ブランディング
- UIシステム構築
- フロントエンド開発
- サウンドとモーション
- ビジュアルデザイン
- 会話型デザイン
- プロトタイピング
- スタジオクリティークとイテレーション
- インタラクションデザイン
- ワイヤーフレーム
- UXライティング

ブランディング	プロトタイピング
UIシステム構築	スタジオクリティークとイテレーション
フロントエンド開発	インタラクションデザイン
サウンドとモーション	ワイヤーフレーム
ビジュアルデザイン	UXライティング
会話型デザイン	

図 3 - 1
用語については、他人がどう呼んでいるかはあまり関係ない。自分と同僚にとって意味を成す呼び方を使おう。

　クラフトスキル（デザイン制作の技術）のリストが完成したら、次はいわゆる「上流工程」、つまりデザインプロセスの「より大局的な側面」に注目して、図3-2のようなUXスキルのリストを完成させる。

コンテンツ戦略	ペルソナとユーザージャーニー
サービスデザイン	ユーザーリサーチ
デザインコラボレーション	リサーチ・シンセシス（調査結果の統合）
スケッチング	ステークホルダーへのファシリテーション
情報アーキテクチャ	（関係構築・調整・促進）
UX戦略	概念モデリング
	ユーザビリティテスト

図 3 - 2
ある人にとっては単一の項目でも、別のある人には3、4つに枝分かれする項目かもしれない。正解も不正解もないことをお忘れなく。

　リストの左半分（コンテンツ戦略からUX戦略まで）は、プロダクトマネジメントの領域ではないUXスキルで、右半分（ペルソナとユーザージャーニーからユーザビリティテストまで）は、多くのプロダクトマネージャーが担当することもあるUXスキルである。

UXヒストグラム
　今度は、それぞれのスキルや専門分野について、自分自身のレベルを評価してみよう。目測で構わないので、測定しやすいように各項目を1〜5点で表してみてほしい。

1 ― 初心者

2 ― 初級者

3 ― 中堅

4 ― 熟達者

5 ― 達人

　自分を正直に評価しよう！　ごまかしても何の得にもならない。すべての項目が達人級でなければ良い UX 実践者ではないということはないのだから。でも、自分の不得意な部分がわかれば、そこを補ってくれる協働者を探したり、専門技能向上の目標として役立てたりできる。

　次頁にある図 3-3 は、私の UX ヒストグラムの一例である。

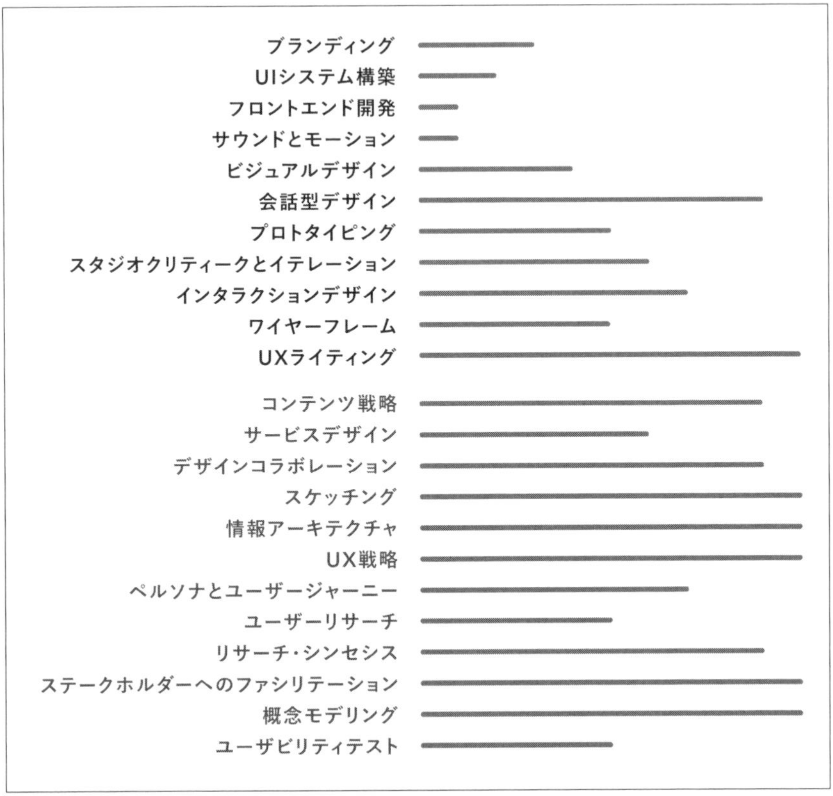

ブランディング
UIシステム構築
フロントエンド開発
サウンドとモーション
ビジュアルデザイン
会話型デザイン
プロトタイピング
スタジオクリティークとイテレーション
インタラクションデザイン
ワイヤーフレーム
UXライティング

コンテンツ戦略
サービスデザイン
デザインコラボレーション
スケッチング
情報アーキテクチャ
UX戦略
ペルソナとユーザージャーニー
ユーザーリサーチ
リサーチ・シンセシス
ステークホルダーへのファシリテーション
概念モデリング
ユーザビリティテスト

図 3 - 3

このUXヒストグラムは、戦略、コンサルティング、マネジメントのスキルに偏っている。あなたのヒストグラムはどうだろう？ 自分の状態を真に反映しているだろうか？

プロダクトのスキル

ここからは、UX担当者の責任範疇にはほとんどないプロダクトマネジメントのスキルをリストアップしてみる。

PMの責務には図3-4のようなものがある。

顧客とのインタラクション	ロードマッピング
市場調査	MVPの定義
データ分析	機能開発の優先順位付け
スプリント計画	収益モデリング
バックログの管理	仮説と実験
バグ追跡	危機管理
ノーススターメトリック	アーキテクチャ戦略
受け入れ基準(Acceptance criteria)	プロダクトマーケットフィット
ユーザーストーリーとエピック	

図 3-4
先ほどと同様、ここに挙げている項目は、あなたのチームや文脈にも当てはまりそうなプロダクスキルの一例にすぎない。人によって内容が異なる場合もある。

では、これらの項目も同じように自己採点してみよう。まだ経験したことのないアイテムがあれば空白のままで構わないが、それらのタスクを担当するプロダクトマネージャー、もしくはそれらについて話し合っているチームと仕事をした経験があるのなら、最低でも1点は付けられる。

私の「フルスタック」プロダクト／UXヒストグラムの全容は、次頁の図3-5のようになった。

私が今最も得意だと感じているプロダクトとユーザーエクスペリエンスのスキルセットに注目すると、少なくとも自分がなぜUXの戦略／計画の側面に最初に興味を持ったのか、なぜプロダクトに深く入り込むことになったのかが、振り返ってみてよく理解できる。

プロダクトマネジメントにも応用できるUXスキル

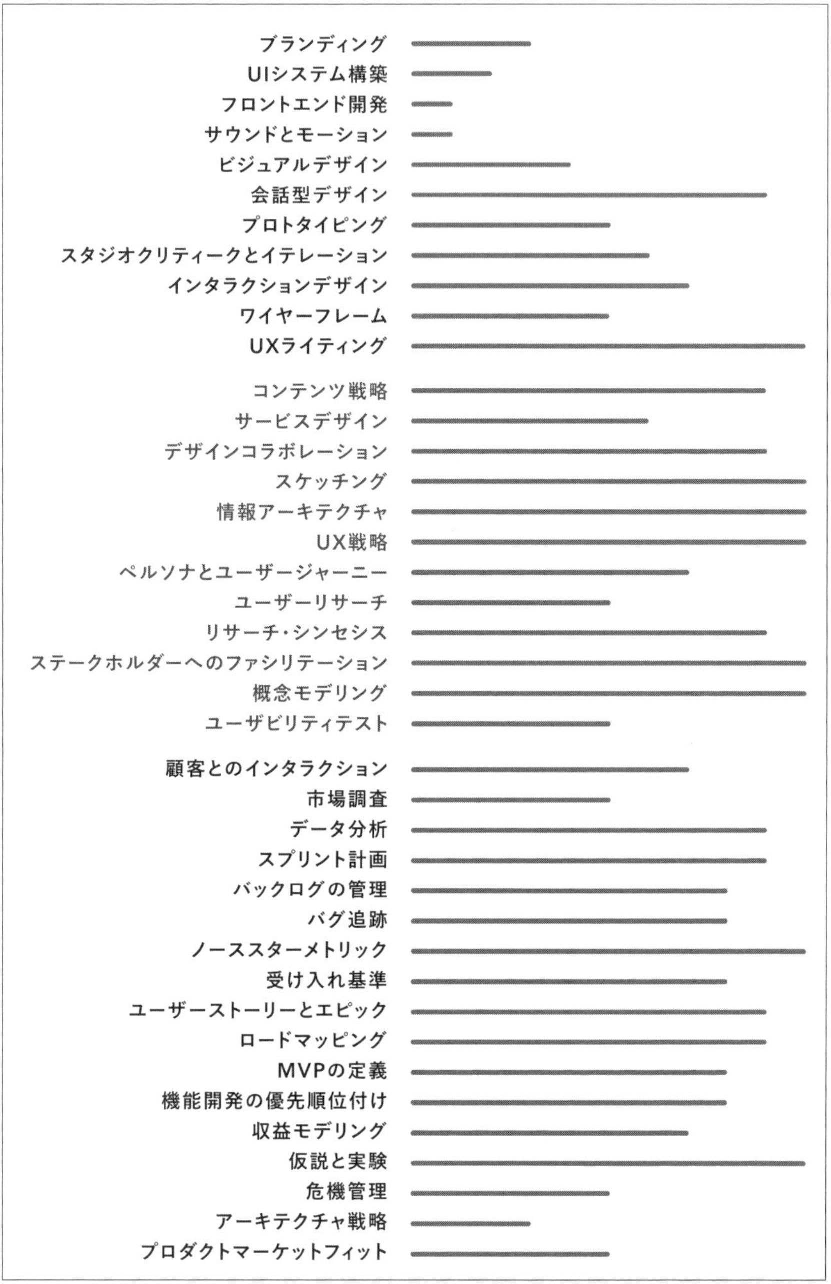

ブランディング
UIシステム構築
フロントエンド開発
サウンドとモーション
ビジュアルデザイン
会話型デザイン
プロトタイピング
スタジオクリティークとイテレーション
インタラクションデザイン
ワイヤーフレーム
UXライティング

コンテンツ戦略
サービスデザイン
デザインコラボレーション
スケッチング
情報アーキテクチャ
UX戦略
ペルソナとユーザージャーニー
ユーザーリサーチ
リサーチ・シンセシス
ステークホルダーへのファシリテーション
概念モデリング
ユーザビリティテスト

顧客とのインタラクション
市場調査
データ分析
スプリント計画
バックログの管理
バグ追跡
ノーススターメトリック
受け入れ基準
ユーザーストーリーとエピック
ロードマッピング
MVPの定義
機能開発の優先順位付け
収益モデリング
仮説と実験
危機管理
アーキテクチャ戦略
プロダクトマーケットフィット

図 3 - 5

ほかの人がどう思うかは不明だが、これが私の自己評価だ！

プロダクトとUXのヒストグラム

　図3-6からもわかるように、プロダクトのヒストグラムはスキルリスト（図3-5）の後半2つのカテゴリーで構成されていて、デザインのクラフトスキルのほとんどが対象外となっている。

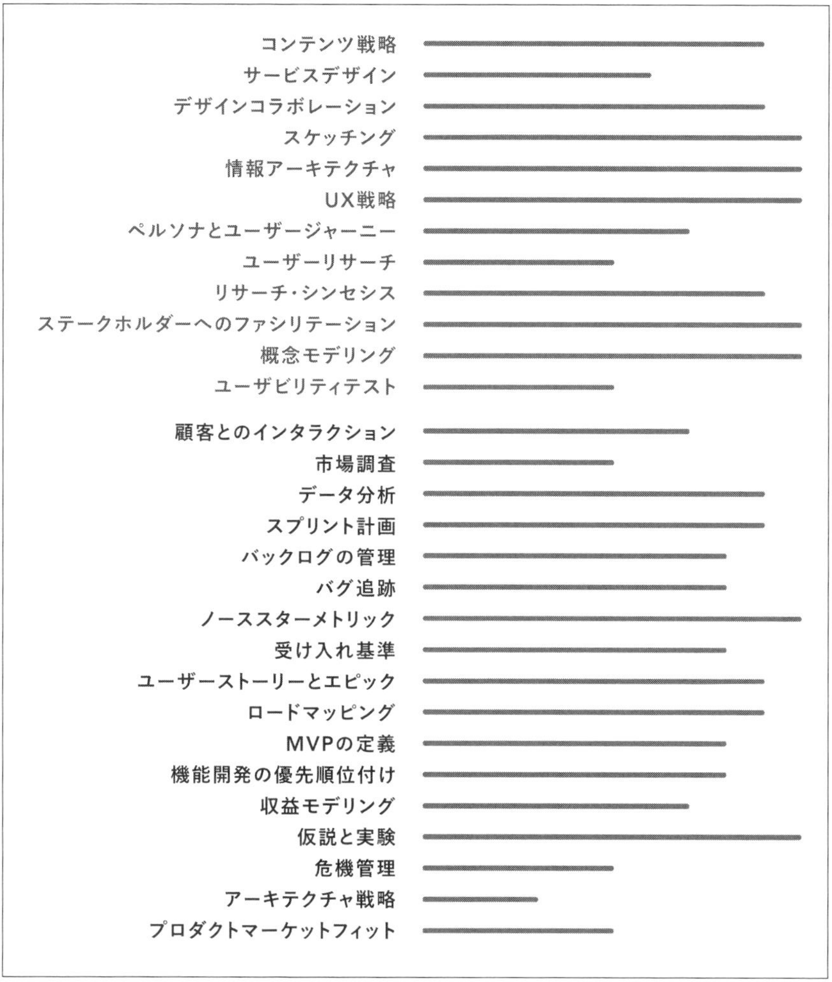

図3-6
私のプロダクトヒストグラムはこうなった。

なぜプロダクトマネジメントにあまり関係ないUXスキルまでわざわざ自己評価しなくてはいけないのかと、疑問に思う人もいるかもしれない。UX／プロダクトの全領域を可能な限り把握し、スペクトル上のさまざまなサブセクションを互いに関連付けて捉えられるようにするためには、すべてを書き出してみることが必要なのだ。

もしあなたがUXまたはプロダクトの実践者なら、自分のヒストグラムは、強化すべき分野は何か、柱となる強みは何か、メンターには誰を選ぶべきか、どのようなチームなら自分が成長できるかを見極めるのに役立つだろう。

チームのリーダーとして、各チームメンバーのヒストグラムを作成し、全部を重ねてみるという使い方もできる。チーム全体の強み・弱みが可視化され、メンタリングやコーチング、あるいは補強が必要なエリアはどこか、さらには、ほかのみんなが一定レベルで満足しているところを自分だけ突出しているスキルはあるか、といったことが確認できる。

新しいプロダクトマネジメントスキルについては、後ほどたっぷり詳しく紹介するが、本章の残りの部分では、どのようなUXスキルや経験がプロダクトチームで最も役に立つかを見ていくことにする。ヒストグラムのリストのうちプロダクトとUXが重なる部分がスイートスポット（バランスの取れた領域）であることはすでに述べたが、特に重要な4つの項目についてさらに掘り下げたいと思う。

- 情報アーキテクチャ
- リサーチを活用した高い顧客満足度の追求
- 反復デザインによる問題解決
- 影響力を通じたリーダーシップ

 ## 情報アーキテクチャ

ユーザーエクスペリエンスの核となる適性のなかで、プロダクトマネジメントにそのまま適用できるものがあるとすれば、それは大昔から実践されている技術「情報アーキテクチャ」（略してIA）である。未だにIAはサイトマップやナビゲーションメ

ニューのことだと思っている人もいるが、それらは氷山の一角にすぎない。

ソフトウェア設計における情報アーキテクチャの重要な役割は、ピクセルやビット、コード行数、データレコードなど、最小単位の情報から抽出される「意味レイヤ（meaning layer）」をマッピングすることだ。情報アーキテクチャは、プロダクトマネージャーが以下の問いに対するコンセンサス（合意）を得るためのツールを提供してくれる。

- みんなが集まって作り上げようとしているそれは、いったい何か？
- 何のためのものか？
- 誰のためのものか？
- 何をするものか？　どうやって？　なぜ？
- どんな問題を解決するのか？
- 顧客の日々のジャーニーのどこにフィットするのか、また、同様のタスクを行う既存の方法に比べてどれほど適しているのか？
- どのように整理され構造化されているのか？
- 内部的な複雑さがどこにあるのか、また、このプロダクトと接する必要があるさまざまなステークホルダーがそれを消化できるようにするために、どういった方法で提示されるのか？

コンセプトモデル、アーキテクチャ、ダイアグラム、ユーザージャーニー、スイムレーン、フローダイアグラム、それから地味でオールドファッションなサイトマップでさえも、複数の専門分野が集結した、現在地や次に進む先を示す青写真か地図として使用できる、一種のエッジアーティファクトとして機能している。

UX／プロダクトマネジメントの現場から

現在地 ～You Are Here～

マップは素晴らしいポスターになる。何を制作していて、それがどう機能するのかをチームにきちんと理解してもらいたければ、ロードマップを大きくプリントアウトして、誰の目にも留まる、それについての話し合いがしやすい位置の壁に貼り出すといい。どのみち自分に必要なものだし、ほかのみんなへのプレゼントにもなるから一石二鳥である。

私がYahoo!デベロッパーネットワークにいたとき、提供していた全サービスを

紹介するため地下鉄の路線図に見立てたマップを作成し、自分たちのプラットフォームの全員に配布した。またあるときは、新しいオープン戦略のコンセプトモデルをブレインストーミングした際のマインドマップをプロッターで印刷し、自分たちからも近くて人の往来が多い廊下に貼った。

　また、見た人にこのマップが「発表」ではなく「会話」だと理解してもらうために、紐で吊るしたマジックペンを添え、少し落書きをして、角を数箇所破っておいた。週に一度ほど、新しく書き込まれたコメントをすべて集約し、矢印を引き直し付箋を貼り替え、言葉を消したり追加したりしてコンセプトモデルを更新した。そして、データを再度流し込み、新たにコメントを書いてもらうために再びプリントアウトした。この方式は、チームの誰もが参加できるゲームのようなものになった。私のデスクがちょうどこの壁の裏側にあったので、新しいプラットフォーム戦略の目的や意義やチャンスについて、興味深い議論を聞くことができたのである。

情報の関係性を大まかに示し、ほかの人が反応できるかたちに形式化した文書を使ってロジックやフローを探求できる能力は、プロダクトコミュニケーションや、組織とチーム間のアライメント、チームのコーディネーションなどで役に立つ。

　IAは、私たち自身の思考を後押しし、同僚に対する結集力や説得力を与えてくれる特別な能力なのだ。

リサーチを活用した高い顧客満足度の追求

　リーン・スタートアップ運動で広まった概念に、「建物の外へ出よ」というのがある。これは、顧客や潜在顧客の要求やニーズ、あるいは不満に思っていることを、ただ情報を待つのではなく、積極的に探しに行くべきだと説いたものだ。私たちは、製品分析や市場調査、センチメント分析（感情分析）、さらには顧客からのフィードバックやカスタマーサポートの報告書などからも多くのことを学ぶことはできる。しかし、自ら足を使い、顧客やそのほかのステークホルダーの職場を訪ねて直接会うことに勝るものはない。

　個人レベルでいえば、プロダクトマネージャーは少なくとも週に一度は仕事以外で顧客と接するよう推奨されている。しかし、たいていの顧客中心の業務がそうであるように、そうした取り組みは組織自体がユーザーリサーチやプロダクトディスカバ

リーに継続的に力を入れている場合にのみ効果がある。

UXのバックグラウンドを持つ人なら、ユーザー重視のデザインにおけるリサーチの根本的な役割を十分に理解できるだろう。さらに言えば、プロダクトマネージャーになった暁には、組織内のUXリサーチャーの中に自然と協力者を見つけられるはずだ（場合によっては、ユーザーリサーチャーの雇用を求めて、上司と戦わなくてはならないかもしれないが）。

プロダクトマネージャーのなかには、ユーザーリサーチャーやほかの市場調査チームと連携せずに、独自のやり方でリサーチやアウトリーチ活動を行ってしまう人もいる。そうした場合、無駄な労力や重複する作業が多く発生するリスクがあるが、質問内容や調査目標の方向性を変えればそれが正当化されることもある。

ただし、自分のプロダクトを使っている、あるいは使う可能性のある人と直に話のできるリサーチチームの誰かと、折り合いのつくところでタッグを組むというのも良い手だ。少なくとも、お互いのリサーチに便乗し合うことを提案できる。理想を言えば、1つのチームとして共通のアジェンダ（達成目標・予定）を立てて、インタビューやそのほかのリサーチ手法を最大限に活用したいところだ。

UXの本領発揮！
リサーチ責任を共有する

今回は注意事項を1つ。UXリサーチに携わることで、顧客を理解するためのテクニックという特別な能力を身につけられるのは言うまでもない。ただし、自分にとって理想的と思えないアプローチとは距離を置くようにしない限り、異なる慣例に従う人たちとプロダクトディスカバリーの責任を共有するのは難しいと思われる。もしかしたら、あなたがそのリサーチを主導することはないのかもしれない。何であれ、リサーチを最大限成功させられる方法を模索してほしい。

アリョーナ・ユーギナは、Shopifyでの経験をもとに、どうすればプロダクトマネージャーとUXリサーチャーが生産的に連携できるかについて素晴らしいガイド記事を書いている[1]。彼女は、プロダクトマネージャーは最終的にはリサーチから得られ

[1] 次の記事を参照：https://ux.shopify.com/good-things-happen-when-a-product-manager-pairs-with-a-ux-researcher-a88923c94ce8

た洞察に基づいて（リサーチャーとは異なる形で）行動するべきであり、調査プロセスを協働で具体化できる技量を持つことが、リサーチを生産的な方向へ導く最善の道だと話している。

　同記事内に掲載されていた彼女のダイアグラムは、継続的なリサーチ、学習、ローンチ、そしてさらなるリサーチへと、よく考え抜かれた無限のサイクルを示している（図3-7）。

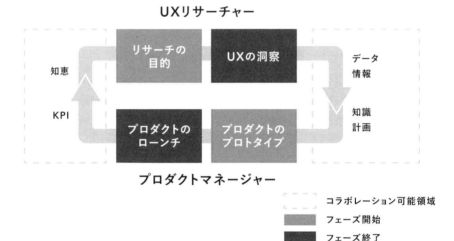

図3-7
アリョーナ・ユーギナはこのダイアグラムをシェアし、リサーチ／ローンチのサイクルの中でコラボレーションに最適な領域がどこにあるかを示した。

 ## 反復デザインによる問題解決

　読者の中には、この3つ目のUXの適性がプロダクトマネジメントに応用できるという意見には懐疑的だという人もいるかもしれない。プロダクトマネジメントにおけるイテレーション（反復）とは、インタラクションデザイナーが採用しているデザインスタジオ的モデルよりも、よりデータに基づく実験を重視したものだ。UXとデータがどの組織でもうまく結びついているというわけではない（組織によっては、データ収集が活発でなかったり、厳密なデータ分析をまったく行っていなかったりするところもあれば、デザインや創造的なプロセスとデータを完全に切り離して考えるところもある。また、デザインに関する意思決定をデータ重視で行うよう強要する組織もあり、その結果UXデザイナーがデータの概

念を悪く捉えるようになるということは多々起きている）。

　よく耳にする言葉に、「データ・ドリブンのデザイン」というのがある。直訳すれば“データが運転する”、データ駆動型のデザインとなるわけだが、データは良いドライバーとは言えない（データにハンドルを任せるなかれ。データにすべての舵取りができるわけではないのだから）。しかし、デザインという車を道路上に走らせ、車線をキープし、目的地をしっかりと見据えるためには非常に重要な要素である。だから私は、今たくさんの人が話題にしているように、「データ・インフォームドのデザイン」について語りたいと思う。昔のような、ほとんど勘か、せいぜい少々の事前調査を頼りに、あとはトラフィックやクリックやセールスに関する情報をもとにした運試し的なやり方でUXデザインやプロダクトマネジメントを行うなんてことは、今はもうあり得ない。

　今日、私たちの多くは恵まれている。条件が十分に整ったプロダクトを手がけ、ユーザーの行動経路やつまずき箇所をきめ細かく調査する機会を与えられている。今は、“何”が起きているのかを知るための情報が豊富に手に入る。しかし、ファネル図もリテンションカーブもクラスター散布図も、それが“なぜ”起きているのかは教えてくれないことを忘れてはいけない。幸い、それらの図やグラフの情報から仮説を立て、実験を通じて探索・検証することはできる。

　成熟した組織における今日のUXは、デザインツールを使用して問題を解決したりエクスペリエンスを形成したりしながら仮説をテストし、どの体験が最も効果的か、どのデザインが最も適しているか、どのソリューションが自分の求める改善結果をもたらすのかを実験を通じて学習している。

　もしあなたが、そんな科学者（あるいはマッドサイエンティスト）のような精神と、躍進的で斬新なソリューションを生み出すために「無意識」を活用する芸術家のような創造力とを組み合わせてUXを実践しているとしたら、反復デザインで得る経験と感性がプロダクトマネジメントにまさに適していると思えるはずだ。

　こうした“デザイン×データ”のコンセプトが受け入れられないのであれば、プロダクトに移行する前に埋めておくべきギャップは大きいかもしれない。その場合、まずは、プロダクトマネージャーと仕事をする際に、彼らがレビューするデータについての会話に自分も加わらせてほしいと頼んでみるといい。そして、現在のデザインについて、またPMがさらなる目標達成のためにUXに求めることや期待することについて、データから何が読み取れるのか考えてみることだ。

影響力で導く

　私は、将来有望なUX実践者を長年指導するなかで、リーダーになる機会を探している人が結構多いことを知った。これは、おそらく私がコーチングする際に出くわす「マネージャーにならなければ昇進できない？」というのに次いで多いテーマだ。たいていは、非常に平凡な質問の中に、その願望を読み取ることができる。「どうすればリードデザイナーに選んでもらえますか？」、「どうすれば主任デザイナーになれますか？」、「どうすれば担当を任せてもらえますか？」など。

　私からのアドバイスはこうだ。「リーダーシップは"与えられるもの"ではなく、"行動に現れるもの"」。もし私がチームの中から誰か選んでリーダーに昇格させるとしたら、まず考えるのは"今すでにチームを率いているのは誰か？"である。

　リーダーとは率いる人であり、率いるよう任ぜられるまで待ったりはしない。私は、権力を掌握し自分がボスだと主張しろと言っているのではない。たとえば、対処すべき穴を見つけてそれを埋めたり、何かが崩れる前に気づいて支えたり、迷走を始めた会議の焦点を元々の議題へ戻したり、マーカーを手にホワイトボードへ行き、議論の論点を書き出し、考慮可能な2つのロジカルフローの詳細と結論を明確にしたりといったことが、自然にできる人がリーダーだ。

　優れたUXデザイナーは、常に周りをリードする。彼らはコンセンサスを得ることに長けている。説得力と影響力があるからだ。議論や（もちろん）データも整理する。物事を視覚化する能力を活かしてダイアグラムやデザインモデルを描き、コミュニケーションや情報の明確化に役立てている。矛盾点を洗い出し、それらをデザイン上の課題や制約として受け止める。また、誰もが同じ方向を向けるようにワークショップを企画したりもする。

　聞き覚えのあることはいくつあっただろうか。これらはすべて、プロダクトマネージャーが行っていることだ。

　通常、プロダクトマネージャーが管理するのは人ではない（ほかのプロダクトマネージャーをマネジメントする立場のプロダクトリードなら話は別だが）。デザイナー、開発者、営業担当者、データサイエンティスト、ビジネスアナリスト、カスタマーサクセスの専門家、カスタマーサポートスタッフ、マーケティングチーム、このうちの誰ひとりとして、プロダクトマネージャーの部下ではない。独裁者さながらに、人にあれこれ指図するだけのリーダーについてくる者などいない。説得力と影響力があり、誰もが少しでも働きやすくなるよう考えてくれるPMに、人はついていく。

プロダクトマネージャーは火星人

　私がUXデザイナーの人たちからプロダクトマネージャーになろうと考えていると言われたとき、まず話すようにしているのは、日々の仕事がどれほど異なるかということだ。このことは、すぐには実感できないかもしれない。特に、私が両者に共通する点や価値観や、いくつか重複するスキル、テクニック、懸念事項などについてばかり強調しているのだから、尚更だ。しかし、UXとプロダクトとでは、クリエイティブ面の仕事が大きく異なることは知っておいて損はない。デザイナーがプロトタイプを作るためにさまざまな描画プログラムやそのほかのツールに時間を費やすのに対し、プロダクトマネージャーは、1日の大半を情報の伝達と消費に費やしている。

　私は、スペルや文法がまったくなっていないデザイナーを何人か知っている。むしろ、それがデザイナーの証とでも言わんばかりだ。彼らはビジュアルが担当だ。色、プロポーション、レイアウト、タイポグラフィーに関してはプロ中のプロ。でも、文章？　それは、ほかの人の仕事だ（もちろん、UXライターやコンテンツストラテジストなど、すでに文章を書くことを生業としている人もいる）。プロダクトマネージャーは、たくさん書く。Eメール、仕様書、もっとEメール、Slackのメッセージ、ユーザーストーリー、仮説、報告書、ロードマップ、バグレポート、スプリントの振り返り……とにかく、何かしら書いている。書くことが仕事の一部なのだ。

　メールの返信が追いつき仕様書を作成し終えたら、ミーティングがいくつか予定されている可能性がある。ミーティングは、デザイナーやプログラマーたちの貴重な「作り手の時間」を邪魔しないようなスケジュールで行うのが理想的だ。彼らは、PMであるあなたにとってはミーティングが生産性向上のためであることは十二分にわかっているが、自分たちにとってはそうでもないと思っている。

　プロダクトマネージャーが何も書いていなければ、ほかの誰もが予備知識なしにそれを理解できるということなので、端的で完璧なスタンドアップミーティングを進めることができる。あるいはキックオフミーティングや、生産性を特に重視した"ワーキングミーティング"なども。そして、ミーティング以外のときは、毎日数時間、スプレッドシートやMySQLのアウトプットや、分析ソフトのチャートかダイアグラムを穴が開くほど見つめることになる。また、データに没頭していないときには、自分が手がけるプロダクトの成長と進化を止めぬよう新たな変更や改良を加えたいという飽くなき欲求を満たすために、報告書、研究論文、調査結果、新聞雑誌の記事、そのほかにも興味のあるものは何でも読み漁るのである。

この章のまとめ

- UX担当者は「状況次第だ」と言えるが、プロダクトマネージャーは決定を下さなくてはならない。

- PMはユーザーエクスペリエンスを重視し、ときには自ら監督することもあるが、デザイン作業に直接関わることはない。

- UXとプロダクトに求められるスキルの中には共通するものが数多くあるので、それらのスキルを持っていればキャリアチェンジのための良い土台となる。必要なスキルの全範囲を見直して自分の強みを知り、弱い部分を補うか強化する方法を探そう。

- 情報アーキテクチャは、意味や関係性を明確にして可視化するのに非常に役立つ、プロダクトマネージャーの特別な能力だ。この力が、チームに共通の懸念事項についての合意形成に大きく貢献する。

- ユーザーリサーチャーは必然的にプロダクトマネージャーの味方であり、UXリサーチの経験がプロダクトワークの良い基盤となる。

- 実験を促進し仮説を検証するためにデザインを活用したり、ユーザーデータや重要な業績評価指標を通じてデザインの影響を測ったりすることは、洗練されたUXデザインワークからプロダクトマネージャーのストイックな日常業務へと受け継がれている。

- プロダクトマネージャーは、モニター上のビジュアルデザインよりも、数字の列や箇条書きのリストに多くの時間を費やしている。

4

エンジニアを束ねる

プロダクトマネージャーの仕事の大部分は、エンジニアが生産的に仕事をするために必要なものをすべて提供することにある。中には、やるべきことをエンジニアに指示するのが自分の役目だと感じているPMもいるが、それは猫の群れを手懐けようとするも同然だとすぐに思い知る。たとえ善意をもって接したとしても、そんなやり方が通用する相手ではないのだ。

　代わりに、PMになったあなたの仕事は、やってもらいたいことの焦点、方向性、意義を提示し、目的と要求の範囲を明確にし、エンジニアをソリューションの創出に必要な会話やアイデア出しの要として扱うことだ。

　当然、プロダクトマネージャーとしてはチームに仕事をさせたい。周りに指示を与える。瞬時に考えをまとめて発言する力が必要ではあるが、確固たる見解をいつでも積極的に発表するし、またそうできなければいけない。でも、あなたは独裁者ではないのだ。エンジニアたちがあなたに報告を上げてくることはまずないし、する必要もない。

　それでも、彼らはあなたのチームの一員だ。あなたはそのチームを育成し、支え、最大限生産的になれるように導かなくてはならない。そのためには、問題点を調査し要件を定義し、細かいところまで明確にして、エンジニアが彼らの最も得意とする仕事に集中できるようにする必要がある（彼らにモチベーションを与え、納得のいく説明をし、チームを団結させることも同様に重要だ）。

　また、エンジニアは“作り手”であることを忘れてはならない。彼ら自身がマネージャーでない限り（その場合は、彼らはさまざまな面であなたと関わりの深い同僚ということになる）、彼らはクリエイターであり、長時間中断せず作業に集中できる環境があってこそ、自分たちが取り組んでいる課題や解決策、アルゴリズム、論理的な問題などの複雑なメンタルモデルを引き出すことができる。

　細かいことで度々作業の手を止めさせてエンジニアをイラつかせるのではなく、連絡事項やフィードバック、指示などは開発者が都合の良いときに確認できるよう文書にしてタイミングを見計らって送信し、あとはスクラムセレモニーのケイデンス（定期的なリズム）を維持することに集中するようにしたい。

エンジニアリングチームに 足並みを揃えてもらうために

　あなたはUXのキャリアを通して、スタンドアップやスプリントなどについて少なくとも一応の知識は得ていると思うが、1日の、あるいは1週間のルーティンの1つと

しては行ってきていないかもしれない。プロダクトマネージャーは、そうした「セレモニー」を基準にその日の時間割を組む。このセレモニーは、基本的にはチームの足並みを揃えさまざまなことを調整し直す目的で行う一定形式のミーティングのことだが、各サイクルのどの時点で行うかによって、ミーティングの内容はその先の展望についてだったり、それまでの振り返りだったりする。

これらのサイクル（毎日のスタンドアップミーティング［訳註：デイリースクラムとも言うが、本書では以降スタンドアップと呼ぶ］、週ごとのスプリントセレモニー、月ごとのロードマップアップデート、3カ月ごとのプランニング）は総じて"ケイデンス"と呼ばれ、プロダクトマネージャーにとってはエンジニアと協力し合い、指示を伝えるための大切な場でもある。

ケイデンス

この繰り返しのパターンは、フラクタル（訳註：部分が全体と自己相似になる構造）とも考えられる。各タイムスケール内で同じことを何度も繰り返し、ケイデンスの期間が長くなるごとにリスクも倍増されていく。

ほとんどのアジャイル開発チームにとって、最小のケイデンスは毎日のスタンドアップである（図4-1）。通常このミーティングは、簡潔な報告の場であり、詳細を議論し合うワーキングセッションではないことをチーム全員が忘れないよう立ったまま行う。各自が、前回のミーティングから今までに何を達成したか、今日は何をする予定か、そして進捗を妨げているものはないか報告する。

デイリースタンドアップ ——

図 4 - 1
アジャイルチームは、毎勤務日に1度、現時点の進捗、次に取り組むこと、そして"ブロッカー"について素早く報告し合う。

デイリースタンドアップは、スクラムセレモニー（バックログの調整からスプリントプランニング、スプリントレビュー、プロダクトの承認、レトロスペクティブ［振り返り］まで）の一部にすぎず、通常2〜4週間ほどのスプリントの中で行われる（図4-2を参照）。

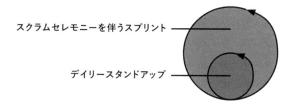

スクラムセレモニーを伴うスプリント ——

デイリースタンドアップ ——

図 4 - 2
ほかにも、スプリントの始め、中盤、終わりのそれぞれで行うセレモニーがある。

月に1度はロードマップを見直して、「今回」やるべき項目がすべて計画通り進んでいるか、「次回」に予定している項目のリストは最新で正確か、その項目が「次回」リストから「今回」リストに移動するときの準備は整っているか、また、現在の実行可能範囲を超えるアイテムはすべて「後日」リストに入っているかを確認するとよい（図4-3）。

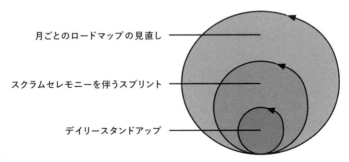

図 4 - 3
ロードマップは正式な更新が四半期に1度しかされない可能性があるので、月に1度は見直し、物事が計画通り進んでいるか、軌道を外れていないかを確認するのが好ましい。

　Intercomのような企業では、毎月のロードマップレビューに加え、各四半期を6週間ごとの2つの期間に分け、あいだに「ウィグル・ウィーク（"あそび"の週）」を設けている。
　四半期に1度、プロダクトチームはほかの全ステークホルダーとともに3カ月間の進捗と目標とを比較したレビューを行い、次の四半期の目標を定め、年間計画に対する進み具合を見つめ直す時間を持つことが大切だ（図4-4）。

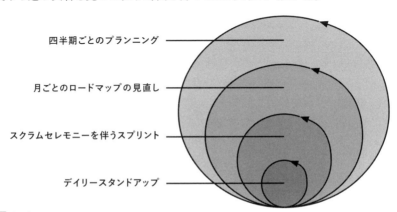

図 4 - 4
四半期ごとに計画を立てることで、その先の4〜6スプリントの構成が定まる。

年に1度、前年度末に立てた計画と比較してその年がどうだったかを評価し、予想外のことがどれほど起きたかを思い返してみるといい。そこから学んだことを活かして、今後の見通しやミッション、5年、10年、あるいは20年先の目標について再考し、次年度の作業計画を立てるのである（図4-5を参照）。

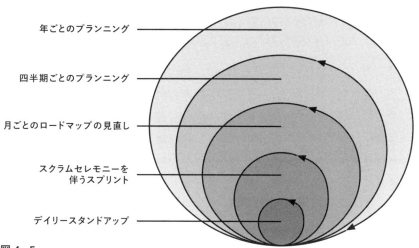

年ごとのプランニング

四半期ごとのプランニング

月ごとのロードマップの見直し

スクラムセレモニーを
伴うスプリント

デイリースタンドアップ

図 4 - 5
毎年恒例の、研修＆慰安会の時期がやってきた！

どのレベルでも、各スケールでアライメントを維持し軌道修正を可能にするいくつかのシンプルな原則が働いている。「リーン」開発のコンセプトが「構築、計測、学習」（の繰り返し）という基本サイクルの上に成り立っているように、「アジャイル」開発は簡単に言えば「反復、レビュー、再調整」（の繰り返し）という、リーン方式と非常によく似た慣習に従っている。どの規模でも、目標は何かを完成させることにある。成果物はレビューやテストを経て、追加の変更のために差し戻されるか、承認されリリースされる。

アジャイルの原則とプラクティスの全体を通して貫かれているのは、「タイムスケールが短期間なほど好ましい」定期的な軌道修正のアプローチだ（「アジャイル宣言の背後にある原則」）。

長期にわたるチームプロセスの体系的な反復改善について取り上げる際、元来のアジャイル開発の12原則のうち1つだけ（12番目の原則）が上記の考えを直接的に説明している。

「チームがもっと効率を高めることができるかを定期的に振り返り、それに基づいて自分たちのやり方を最適に調整します」。

　少し立ち止まって考えてみると、これはかなり「メタ」な話だ。基本的には、この一見シンプルなアイデア（定期的に見直し軌道修正すること）から得られる力を、コードを書いたりテストをしたりするためだけでなく、チームが一丸となって働けるようにするために活用するよう説いている。

　とてもパワフルなアプローチだ！

スプリントプランニング

　プロダクトマネージャーの実践的な戦術を主体とした職場での日常は、エンジニアリングスプリントを中心に展開される（一部のデュアルトラックアジャイルでは、時間差でディスカバリー／UX／デザインスプリントも行う）。PMは通常、スプリントのどの時点にいるかをよく掴んでおり、デイリースタンドアップをすることで進捗状況やブロッカー(開発者やほかのメンバーがタスクを完了する妨げになるもの)、またブロッカー以外の問題を常に把握している。

　スプリントプランニングは、これから開始するスプリントでどのユーザーストーリー、バグ修正、あるいはそのほかのエンジニアリングの課題に着手するかを決めるプロセスであり、たいていはミーティングの形をとる。関係者全員のための話し合いではあるが、主にプロダクトとエンジニアリングのあいだで行われている。

　候補となる課題はバックログから選ばれるが、未整理のバックログは提案のあったアイデア、タスク、要望などを単に連ねた長いリストにすぎない。スプリントの対象とし

て考慮するには、そのリストをある程度わかりやすく項目分けする必要がある。バックログを優先度順に並べ、上位の項目をすぐにエンジニアに渡せる状態にしておくことをバックロググルーミング（訳註：バックログリファインメントに同じ）と呼ぶ（図4-6）。

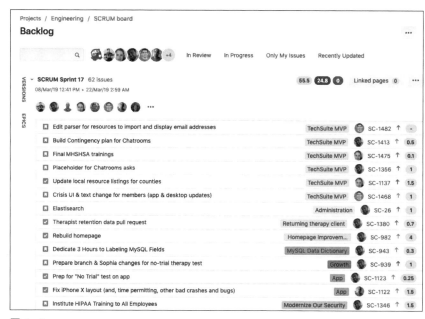

図4-6
多くのチームが、Jira（上の画像）などのプロダクトマネジメントツールを使ってバックログを管理している。

　工数の見積もりとスコアリングの方法、そして見積もった必要タスクの工数と使用可能時間およびリソースとを比較する方法は複数ある。スプリントプランニングの初期段階での試みでは、オーバーヘッド（訳註：間接的にかかるコストや工数）、ミーティング、管理、運用などにかかる時間を少なく見積もってしまいがち（作業の停滞や学習経験も同様）だが、サイクルを幾度か繰り返しているうちに、ほとんどのチームが実際にかかる時間のおおよその目星をつけられるようになる。

スプリント期間中

　スプリント期間中は、新しい作業項目を追加したり、逆にいくつかバックログに差し戻したりする必要が出るかもしれない。アジャイル（迅速）であるためには状況の変化に適応できなくてはいけないが、そのことが、計画と実際の結果との差をバー

ンダウンチャートなどで計測することを難しくしている場合がある。見積もりや計画
と、実際の結果や成果とのギャップを、誰もがはっきり捉えることができればチーム
はより早く学習できるようになる（図4-7）。

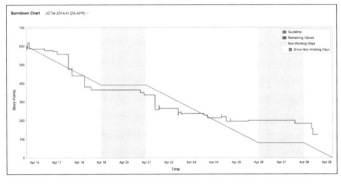

図4 - 7
Atlassian社が開発
したソフトウェアJira
で作成した、バーン
ダウンチャートのサ
ンプル。最後のほう
でスプリントが軌道
から逸れたことがわ
かる。

　多くのチームが、スプリント期間中のプロジェクトの管理状況を把握する手段とし
て、カンバン方式を採用している。これは、ユーザーストーリーやタスクの要約を記
した実物あるいはバーチャルの付箋を、カテゴリーごとに縦に仕切った列から列へ
と、ソフトウェア開発のワークフローの進行に合わせて移動させていくという管理モ
デルである（図4-8）。

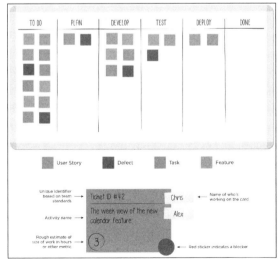

図4 - 8
カンバンボードのプロトタイプ。

チームが1つの物理的な場所に集まっている場合は、実際の付箋を使った本物のカンバンボードを用いることで、ワークフローを通してタスクが進んでいく様子を全員が確認できる（図4-9）。

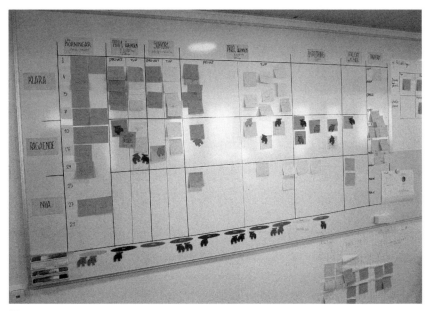

図4-9
チームのみんなが同じ場所で一緒に働く際には、実際に物理的なカンバンボードを使ったほうが進捗状況を一目で把握できる。

　しかし、分散型チームやリモートチームに限らず、最近では多くのチームがカンバン方式のソフトウェアを使用するようになってきた。たとえば、Trello は多くのプロダクトチームが信頼を置く人気のカンバンソフトウェアであるし、スプリントプランニングやそのほかのアジャイルプロダクトマネジメントのプロセスをサポートするツールのほとんどが、今やカンバンビューを提供している（図4-10）。

　UX の経験から馴染みがあると感じるもう1つの PM の仕事は、スプリント中に持ち上がる問題への対処だ。たとえば、仕様書を明確にする、予期せぬシナリオ（エラーケースから、解決策が複数ある要件の競合といった問題までさまざま）に対処するためにギャップを埋める、提示されたデザイン通りに実装する際の課題をデザイナーと協力して克服する、あるいは、開発担当者やほかのチームメンバーとホワイトボードの前に立って組織レベルの選択を検討するなどだ。

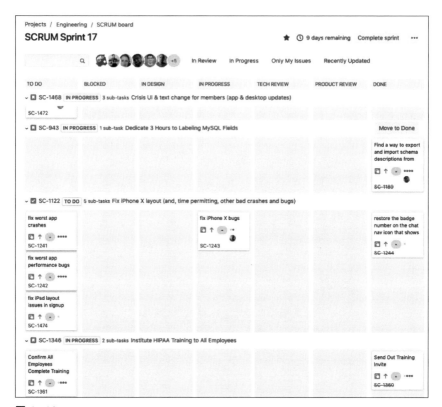

図 4 - 10
カンバンボードは、同時進行する複数の優先事項の進捗状況を視覚化するのに便利。

 ## あなたの「完了」の定義は？

ソフトウェアのアジャイル開発を行う多くのチームにとって問題になるのが、何を
もって「完了」とするかだ。作業を進めるほど、ほかにもやれると思うことが次々と
出てきてしまう。ほとんど必ずと言っていいほど、何かしらのバグが見つかる。限ら
れたシナリオでしかユーザーに影響を与えず、深刻な不具合を引き起こすとまでは
考えられない、ボーダーライン上のバグだ（なぜなら、通常は簡単な回避策が別にある
から）。まだ完璧にはコードが処理できないエッジケースというのは常に存在する。
テストに毎回は合格しない"ロングテール"のモバイルデバイスもあるかもしれない。
目を凝らすほど、また別の何かが見えてくる。

しかし、プロダクト責任者の役割の大部分は、こうした難しい決断を下すことに

ある。結果がどちらに転ぶかわからない決断だが、多くを見誤ってしまえば、プロジェクトに許容しがたい遅れが出るか、最悪の場合、スケジュールに間に合わせようとするあまりバグだらけのコードやひどい体験を作り出すことになる。

　何度も言うようだが、プロダクトマネージャーは独裁者ではない。代わりに、PMにはチームの誰もが納得する「完了の定義（Doneの定義）」を確立する責任がある。

　この定義は通常、元々の問題領域を定め、その解決にどんなソリューションが必要かを明記した要求仕様書に基づいている。完了の定義に全員が同意していれば、あとになってPMが「データを失うユーザーが出るなら、リリースはできない」とか「Android端末で動作するようにならないと、提供はしない」といったことを伝えなければいけないときに、揉めたりはしないはずだ。

　また、完了の定義は、コーディングが完了し、テストに合格し、受け入れ基準を満たすことを意味する。全ワークフローを一通り通過しないと完了ではないことを明確に定義付けしなければ、スプリントの期限までに構築できたというだけでコードの塊を「完了」としてしまい、スプリントが次へ移動するたびにズレが生じる危険性がある。次のスプリントでまたコードをテストする必要があり、その結果によってはさらなる改良が求められるかもしれない。

　最後に、何をもって完了とするかを明確に定義するのは、完璧を求めるあまり身動きが取れなくなるのを防ぐためでもある。完璧主義者はプロダクトマネジメントの仕事に向かない！　リード・ホフマンの言葉を覚えているだろうか？　もしあなたがリリースしたプロダクトについて少しも恥じることがないと言うなら、それは手を離すまでに時間をかけすぎたことを意味する。

　プロダクトマネージャーのあいだでは、こんな格言がある。「Good enough is good enough（これで十分と思えたら、それで十分）」。顧客のために機能し問題を解決し、顧客にそのソリューションを採用したいと思わせるだけの十分な価値を提供するプロダクトを出荷するのがPMの仕事だということを、思い出させてくれる言葉だ。優秀なプロダクトだと認めさせることでも、「バグフリー」のコードをリリースすることでもない。

　多くのプロダクトチームは、スプリントの最後に「デモの日」を設けることが有益だと感じている。これは通常、興味のある人なら誰でも参加できるミーティングで、エンジニアがスプリント中に構築した動作可能なコードのデモンストレーションを行う。デモの日は、プロダクトを承認する公式なセレモニーの一部になることもあり、PMはリリース済みのコードが承認されたことを宣言したり、未達成要件が何かを

特定したりする。また、この日は、ほかのステークホルダーに進捗状況や近日中にリリース予定のもののプレビューを発表する機会にもなる。開発者にとっては、社内で隔離され毎日何時間もコンピュータの画面にかじりついてコーディングに没頭していた日々から、ようやく解放される瞬間だ。

レトロスペクティブ（振り返り）で イテレーションのプロセスを改善

スプリントの終わりには、プロダクトマネージャーは最後の重要なアジャイルセレモニーである振り返りのミーティングを円滑に執り行う責任がある。スプリントレトロスペクティブと呼ばれるこのミーティングは、関係者が直接招集し合って進行することもあるが、プロダクトオーナーやスクラムマスターが会議を主導する場合であってもプロダクトマネージャーは参加して振り返りの様子を見守る。

このセレモニーの動機となるのが、チームプロセスを見直し絶えず改善に努めることを説いた例の12原則だ。レトロを行う準備として、チームは「何がうまくいったか？」と「何を改善できるか？」という2つの重要な質問の答えを考えるよう求められる。また、終了したてのスプリントの期間中に学んだことを軸に、チームのメンバーが実行したいと思えそうな具体的な行動を提案することも期待される。

チームは、EasyRetroのようなツールを使って、事前にチャートに独自の項目を入力したり、お互いの項目にコメントしたり賛同したりすることができる（図4-11）。ちなみに、このプロセスを"ポストモーテム（事後分析）"と呼ばないように。レトロスペクティブと混同されがちだが別物だし、"検死解剖_{ポストモーテム}"だなんて、少々悪趣味だ。

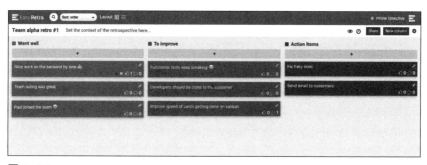

図4-11
チームはレトロスペクティブを行うことで、効果的な行いやパターンを評価・促進し、また頓挫したことや作業の妨げになったことを建設的に振り返ることができる。

PMは、うまくいったことについての振り返りを促進し、何がうまくいかなかったのか、また今後そうした問題にどう対処すれば良いのかを検討する場を設け、非難し合うことのないディスカッションを促すべきである。チームメンバーが、この場で得た洞察から導き出した肯定的なステップを提案するのであれば、それらに投票してもらい優先順位をつけることも可能だ。

オープンで健全で協力的なチームレトロスペクティブを実践すれば、チームの結束力や協調性、効率性を格段に向上させられる。

エンジニアから良い結果を引き出すためには

車輪を回し列車を走らせ続けることが重要である一方で、プロダクトマネジメントの仕事のスクラムマスター的なプロダクト「オーナー」の側面というのは、結局のところ戦術的でタスクベースなものである。PMがスプリントを回しバックログを管理するには、普通は勤勉さと経験があれば十分だ。しかしそのどちらも、ピープルマネジメントに関わる、そして受けてきた訓練も考え方も、使う「ビジネス言語」もまったく異なる人たちが集まった多職種チームの文化的な溝を埋める、いわゆる「ソフトスキル」にはつながらない。

敬意を払う

最初のステップは、エンジニアに敬意を払うこと。敬意を払うとは、エンジニアの言いなりになるとか、説明もなく「ノー」と言われても黙って受け入れるとか、そういうことではない。それは、UXに携わる一部の人間の「ユーザーのこと、エクスペリエンスのこと、品質のことを気にかけているのは自分たちだけだ」という残念な態度を改め、「開発者はコードを書いて1日を終わらせたいだけの無感情なロボット集団」という思い込みを捨てることかもしれない。

大切なのは、彼らの言語を理解するということ。エンジニアが「テクニカルデザイン」について話をするとき、この「デザイン」が意味することはUXのそれとは異なる。テクニカルデザインとは、エンジニアがプロダクト要件をどのように実装するかを記した文書のことだ。彼らにデザインという言葉の使い方が間違っていると指摘し、デザインの歴史やヒューマンファクターについて長々とレクチャーしたところで、何の意味もない。

PMとしてあなたが使える、そして使うべきUXスキルは、人のニーズや動機を調

査して理解する力だ。この文脈であなたがデザインしているのは、ソフトウェアプロダクトではなく、あなたとともに働くという体験である。謙虚さをもってこれに取り組めば、エンジニアに自ら歩み寄ることができるようになり、彼らが理解し納得する言葉で自分の目標とニーズを伝えられることに気づくだろう。

それは一朝一夕にはいかない。彼らの意見に耳を傾け、自分とはさまざまな面で異なる人たちの「フォークウェイズ（習俗）」を学び理解しようと意識的に努力する必要がある。もちろん、あなた自身がすでに技術系のオタクやマニアなら話は別だ（実はそうなのでは？）。だとすれば、あなたはすでに彼らを理解しているも同然だ。

UX／プロダクトマネジメントの現場から

プロダクトマネージャーは受け皿になれ

プロダクトのコンサルタント兼アドバイザーで、教育者でもあり、Google Ventures（現GV）に長年在籍した経験を持つケン・ノートンは、「Bring the donuts（ドーナツを持参せよ）」という合言葉でプロダクトマネジメントのサービス精神を表現している。

「真に優れたプロダクトマネージャーとは、チームを成功に導くためならどんなことにも力を尽くす人たちのことです。重要なのは、放っておけば見落とされてしまうような仕事をカバーするのが自分の役目だとPMが認識していること。それはつまり、対処待ちのバグリストを仕分けたり、ドキュメントリポジトリを整理したり、カスタマーサポートのメールに返信したりと、面倒で面白くもない仕事を率先して請け負うことを意味します。プロダクトマネージャーよりも下になる職なんてありません。PMは"プロダクトのCEO"どころか、謙虚な召し使い。みんなの受け皿なのです。彼らは、チームのことを第一に考え、やるべきことをやる。それを毎日続けています。

2005年のある日、私はカリフォルニア大学バークレー校のハース・ビジネススクールでプロダクトマネジメントについての講演を行うための準備をしていました。このこと（PMに必要な謙虚さ）を伝える良い言い回しはないものかと考えていたとき、"ドーナツを持参せよ"というフレーズが浮かんだのです。PMがローンチの日にチームのためにドーナツを持ってこなくて、ほかの誰が持ってくるというのです？　なぜドーナツを選んだのかは、私にもわかりません。当時はまだ、自転車競技の選手としてキャリアを積んでいる最中でもあったので、私はどちらかと言えばベーグル派でした。でも、浮かんだのはドーナツだったんです。おかげで、このコンセプトは定着しました。

> プロダクトマネージャーが、チームを成功に導くために必要なことを何でもやるのが自分の仕事と肝に銘じてさえいれば、彼らが間違うことはないでしょう」

尊敬を勝ち取る

　プロダクトマネージャーは、チームを指導し成功に導きたいのであれば、敬意と謙虚さを示しエンジニア言語を理解する姿勢を見せることに加え、一緒に働く開発者からの尊敬を勝ち取る必要がある。エンジニアリングの経験がなくコードも書けず、「テクニカルプロダクトマネージャー」の枠に収まらないプロダクトマネージャーにとっては、尊敬を得るためのハードルは高いかもしれない。

　したがって、このニュータイプの UX デザイン系 PM は、テクノロジーやプログラミングを「よく知りもしない」成り上がりデザイナーと見なされたくなければ、ビジネス志向の PM が常にそうしてきたように技術面での真正性（ボナファイド）を証明する必要がある。

　しかし、学校に入り直してエンジニアになるよりほかに、どうやってこのボナファイドを確立できるだろう？　本当の自分を偽ったり、技術的なポイントを理解していないのに知っているふりで頷いたりすることが答えではない。無知だと思われるのを恐れて質問しないでいたら、やはりそこへ到達することはできないのだ。

　ではどうすれば？　それは、賢い質問をすることだ。賢い質問とは？　もし不確かなことがあるのなら、それは自分が心から抱いている疑問である。わからない用語を耳にしたときは、わかるように説明してほしいと頼んでみるべきだ。おおよその意味は掴んでいるが、確実に理解したい旨を伝えるのである。積極的に関わろうとするほど、技術的なアーキテクチャやロジック、アプローチ、コーディングスタイル、ライブラリの強みや限界、そしてチームの能力に関する深い知識などへの自身のメンタルモデルの幅が広がり、強化される。

　新しい何かを質問する、あるいはアイデアを提案するというとき、あなたはようやく、技術スタックの制約や現実を踏まえて要求を出すことができるようになり、「空飛ぶポニーを作って」と言うも同然の突拍子もない要求をして恥をかくことは避けられるようになる。

見積もりと交渉

　スプリントプランニングには、見積もりという工程が含まれることはご存知だろう。

また、PMはチームメンバーたちと絶えず何かを交渉する立場にあるが、フリーマーケットの値切り交渉のような駆け引きをする必要はない。プロダクトマネージャーは、意見や優先順位の違いをどう取り上げ評価するかについての方針を決めることができる。エンジニアが何に触発され何を恐れるのかを知っていることも重要で、そういったことを認識していれば、PMの方針に彼らが従わないときや彼らの出した必要工数の見積もりが予想と大幅に異なるときなどに、その真意を理解するのに役立つ。

　見積もりは、それ自体が重要なトピックだ。なかなかストレスの多い作業であるし、完全に納得できる答えを出すのは不可能に近い。しかし、毎日必ずやらなくてはならない仕事であり、時間とリソースをどこに注ぎ込むかの見極めに誰もが最善を尽くして取り組めば、次第にうまく管理できるようになる。

　そして、もう一度思い出してもらいたいのが、プロダクトマネージャーはエンジニアの上司ではないということ（少なくとも、ほとんどの場合はそう言える）。PMであるあなたの仕事は、彼らを鼓舞し説得することであり、命令することではない。

UX／プロダクトマネジメントの現場から

エンジニアの見積もりの仕方を理解する

　あるとき、私はエンジニア2人から成るチームを率いていたが、この2人は絵に描いたように相補的なペアで、イギリスの古い童謡にある「ジャック・スプラット夫妻」を思い起こさせた（訳註：「ジャック・スプラットは脂身が嫌い、その奥さんは赤身肉がきらい…」で始まる童謡。一緒に食事をすれば、どちらのお皿も綺麗に片付く。相補的な関係があればひとつのことを成功させられる、という教訓が込められている）。仮にそのひとりをシェリルと呼ぼう。シェリルは、あらゆることにリスクを見出すタイプで、長年の経験から物事が悪い方へ転んだ場合にどうなるかということや、障害物は避けることができないということを学び、見積もり工数は慎重を期して多めに設定しがちだった。一方で、もうひとりのエンジニア、エドガー（仮名）は、いつでも物事の道筋をはっきりと思い描くことができる人で、何にでも自信満々にイエスと答え、実際の工数より4分の1ほどに過小見積もりする傾向があった。

　私はこの2人のあいだで、たいていの場合は実際に必要な工数を大体把握できた。また、議論は3人でするよう気を配りバランスに留意したことで、それぞれの強い傾向を緩和することもできた。お互いのアプローチを見直すよう彼らが説得し合ったわけではなかったが、ある程度歩み寄ることはできたようだ。

　そして、エンジニアのあいだには、昔から受け継がれている伝統がある。スタートレックファンなら、オリジナルシリーズ（『宇宙大作戦』）のこんなシーンを覚

えているだろう。カーク船長が機関室に駆け込み、損傷の修理にどれくらいかかるのか尋ねる。すると機関主任のチャーリーは「8時間です」と見積もる。もちろん、船長からは「2時間でやれ！」と返ってくる。そしてチャーリーはいつだって、船長の無茶振りに応えてみせるのだった。

　子供心に、このやり取りから、発明と英雄的リーダーシップは「必要に迫られた状況」から生まれるものなのかとしみじみ思ったものだが、今思えば、チャーリーは修理時間の見積もりを水増ししていたのだな。

フリーランスPMの1日　アナ・ジラルド＝ウィングラー（Coforma［coforma.io］）

　朝起きたら、まずはSlackをチェックします。最初のスタンドアップが始まる15～30分前にコンピュータに向かい、座ったらすぐ、仕事を始める前にメモアプリでその日一日にやるべきことをメモします。それから前日のメモを見返して、やり残した項目をすべてコピーして今日のやることリストに加えます。

　スタートアップ企業のPMとは違い、エージェントに所属する私たちはクライアントのために仕事をします。現在請け負っているのは米国政府からの仕事で、20年前に開発されたソフトウェアを置き換えるためのプロダクトに携わっています。ですからある意味、私たちに求められる要件は、企業PMに対するそれとは異なります。何かを一から作るわけではありませんから。

　その日の仕事がどう進むかは、スプリントサイクルのどの位置にいるかによって決まります。まず考えるのは、「どのアジャイルセレモニーが終わったばかりで、次はどれをやるのか」ということです。もし2日後の金曜日にスプリントレビューがあるとわかっていれば、水曜日の今日はレビューのプレゼン資料を準備します。すべてのチケットがアップデートされていて正しくリストアップされていることなどを確実にするために、ボードを整理するのです。

　PMである私は、物事がスムーズに進むように、エンジニアリング、デザイン、ビジネスの各階層間のコミュニケーションを円滑にする必要があります。

　そこで、2週間のスプリントであれば、最初の水曜日は私とUXデザイナーとリサーチャーの3人でUXに的を絞ったスタンドアップを行います。予定時間は15分なのですが、たいていは30分ほど費やしてしまいます。

　そして、UXについての確認（チェックイン）が終わった30分後に、実際のスタンドアップを行います。毎日両方やっています。メインのスタンドアップは開発者を含むチーム全体で行うのですが、興味深いことに、その中にはプロダクトリードもいるので

す。私は今まで、プロダクトリードとPMが両方存在するプロジェクトを受け持ったことはありませんでした。これはPMエージェントに属していることの特徴なのですが、彼女はメインクライアントとの契約や関係性構築の担当者でもあります。そのおかげで、私はクライアントマネジメントよりもプロダクトのほうに集中することができています。

次に予定されているのは、技術責任者とのミーティングです。現在私たちは、政府と協力して彼らのインフラにアクセスしようとしているので、デリバリーのシナリオとデータベースへのアクセスについて話し合います。予想以上に時間がかかっているために、構築すべきプロダクトを仕上げるのに必要なアクセス権がない状態なのです。そのため、契約変更を行う必要が生じました。

11時から正午まで休憩しますが、早めに昼食を取らなくてはならないこともあります。

ランチブレイクのあとは、政府内のステークホルダーとのミーティングがあり、デザインやプロダクトに関して気になっていた疑問について話し合います。それらのデザインやプロダクトはユーザーテストを行いフィードバックも得ていたので、今度は私たちのイテレーションに関するステークホルダーの意見を聞くために、いくつか質問を用意しました。

そのあと、また別のステークホルダー数名と「共同デザイン・セッション」と呼ばれるミーティングを行います。みなさん、とてもクリエイティブでノリが良くて、現在のプロダクトを長年利用している人たちばかりなので、毎回話が盛り上がって本当に楽しいのです。彼らは、プロダクトの改善策を長い間考えてきた人たちです。その中の1人は90年代にこのプロダクトのオリジナルを実際に開発した人で、ほかの1人はそれを今までずっと使い続けています。このように、今回の仕事は、対象プロダクトに造詣の深い人たちとの共同創作なのです。文字通り、Figmaを開けばそこに私たちのデザインがあって、いろいろなものをあちらへこちらへとドラッグして動かせるのです。最高でしょう?

また、私たちのアプリの基盤となるAPIを構築している別の組織とうまく調整を図り、私たちが必要とするデータを必要な形式で提供してもらえるよう要請しなくてはなりません。彼らのウォーキングセッション(建設的なミーティング)に彼らのステークホルダーと一緒に参加することで、何がどう進んでいるかを常に把握することができます。私はよく、そうした場に飛び入り参加して、懸念材料になりそうな話や、私のアンテナにまだ引っかかっていなかった話に耳を傾けるようにしています。

この時点で午後4時頃です。その日のメモを見直して、ほかにやるべきことが

あるかチェックします。たとえカレンダーが予定でびっしり埋まっていたとしても、チケットは書かないといけないし、質問にも答えなくてはなりません。ミーティングも仕事のうちですが、ほかにもやるべきことがあるのです。ときどき、ミーティング中にほかの仕事をしたい誘惑に駆られます。もちろん、そんなのは良くないことですが、そうできたらどんなにいいだろうと思うことはあります。

この章のまとめ

- エンジニアもデザイナーと同様に、作り手である。PMを含め、マネージャー職にある者は、エンジニアのクリエイティブな仕事の流れを中断させる際には、そのタイミングとやり方に注意を払わなくてはいけない。

- プロダクトマネージャーは、徐々にタイムスケールが倍増する一連のチェックインサイクルを通して開発者と関わる。このサイクルを、ケイデンスと呼ぶ。

- PMの日々の戦術的な仕事は、2〜4週間ごとのスプリントを中心に展開する。

- エンジニアと効果的に働くためには、相互に尊重し合えるようにすること。技術的概念やプログラマーのフォークウェイズに興味と理解が深いことを示し、技術的なアーキテクチャや背景を熟知するよう努める一方で、技術面の問題についての議論を明確にしてほしいときには知的にアプローチすることを忘れないようにしたい。

- プロダクトマネージャーは、エンジニアのモチベーションや懸念事項、行動パターンをよく観察して、彼らとの交渉や協働の仕方を学ぶ必要がある。

Chapter

5

プロダクトマネジメントの
本分は、ビジネスだ

多くのデザイナーにとって、"ビジネス"とはいかがわしい、嫌な言葉だ。ユーザーのことなど気にもしない、腕組み仁王立ちの「スーツ族」。利益重視、締め切り重視で、必要なコード行数を期日までに出荷するために部下の尻を叩き「死の行進」に鞭を打つ軍曹……といったイメージだろうか。

もちろん、こんなふうに決めつけるのはフェアではない。それに、プロダクトマネジメントの道に進みたいのであれば、そんな先入観は単に厄介な障壁になるだけでなく、UXの成長と発展を妨げることにもなる。

持続可能な価値を築く

知っての通り、プロダクトマネージャーの役割は価値を築くことだ。そして、その価値というのは、誰にとってのものかが意図的に伏せられている。ユーザーエクスペリエンスの専門家としては、当然、プロダクトを利用することで価値を得る顧客にとっての「価値ある体験」が何なのかを考えることになる。

このソフトウェアを開発し提供する組織というビジネスもまた、生み出される価値の一部を享受できなければ、ビジネス自体を維持し存続することができない。方程式のこちら側（ビジネスサイド）を注視したからといって、利益至上主義になり顧客に気を配らなくなるというわけではないし、どうすれば価値ある商品を販売し利益を出せるかがわからず廃業してしまえば、それまで提供してきたものの良さを顧客から取り上げることになる。

バランスを正しく取るとは、価値を高めすぎて品質が損なわれたり、逆に価値を加えることを躊躇してビジネス自体が成り立たなくなったりしないようにすることだ。

では、持続が不可能な価値とは何なのか？　市場を独占したいがために採算が取れないのにサービスを提供することは、持続不可能である。人材の増員でしか規模を拡大できないような事業を構築することも、持続不可能だ。事業コストを外部化し、市場運営に不可欠なインフラや環境を破壊することで利益を上げるのもまた、持続可能ではない。

市場という観点から考える

頻繁に耳にする言葉というのは、その意味について改めて考えたりしなくなるものだ。"市場（マーケット）"という言葉が持つ意味は1つだけではない。人々が何

かを売り買いする場所（ファーマーズマーケットやスーパーマーケットなど）から、証券を取引する場所のように、より抽象的な市場まで、さまざまである。本書の文脈では、"市場"は単に「特定のカテゴリーに分類される潜在的な買い手」を意味する。

UXもプロダクトマネジメントも、ルーツは20世紀のマーケティングビジネスの慣習にある。ユーザーエクスペリエンスは多くの点で、いつの時代にもマーケティング活動の主な目標となってきた「顧客のニーズを理解しそれに対応する」という行為の新しい形にすぎない。それに、プロダクトマネジメントは、プロダクトマーケティングからもDNAの一部を受け継いでいる（多くの組織では、プロダクトマーケティングの概念に関して、プロダクトマネジメントは今でもマーケティング部門と協力関係にあったり重複したりしている）。

プロダクトマネジメントの目標は、プロダクト市場における3つの段階を中心に展開されることが多い。

- 魅力的な市場を特定し、そこに集中する。
- 市場の課題とニーズを深く理解し、「その市場に適した」ソリューションを設計・開発する。
- 開発したソリューションをターゲット市場に投入する方法を考える。

ターゲット市場を特定する

プロダクトライフサイクルの最初期段階では、まず「狙う」のに適した市場を特定することに重点が置かれる。狙う市場は、解決可能で現実的な課題を抱えていて、多くの時間や労力を注ぎ込むことや新規事業のリスクを負うことを十分に正当化できるだけの規模を持っていることが重要だ。

市場の規模を測る

どの市場に的を絞るべきか、あるいは目星を付けた市場に自分の事業を維持するだけの十分な規模とニーズがあるかを見極めたいとき、できるだけ大きく網を広げたくなりがちだ。このプロダクトは誰に向けたもの？　地球上のすべての人！　24歳から65歳まで！　右利きの人！　しかし問題は、「そんな定義が曖昧でランダムすぎる顧客層を本当にターゲットにできるのか？」ということである。売ろうとしているのがよくある炭酸飲料ならともかく、どうやって大衆に直接アピールするというのか？

もし、あなたのターゲット市場が「アメリカ国内で初めて新車を買おうとしている18歳から35歳まで」ならば、どうアプローチすべきかの目処が立つし、この市場にリーチする体験や物語を作りやすくなる。

　どのような人たちにサービスを提供しようとしているのかが定まれば、Googleのような検索サイトを使って基本的なリサーチを行い、該当市場全体の大体の規模を把握することができる。それから、その市場のうち顧客として獲得が見込めそうな割合をはじき出し、数字の正当性を示すのである。

NOTE リサーチは自らの手で

マット・ルメイの言葉。「実のところ、プロダクトマネージャーのいう"リサーチ"は、九割方"ググった"だけ」

　ここで、数学の基礎知識が役に立つ。ときどき耳にして驚かされるのが、市場についてのこんな考え方だ。「自分がターゲットにしている市場には1億人いるから、

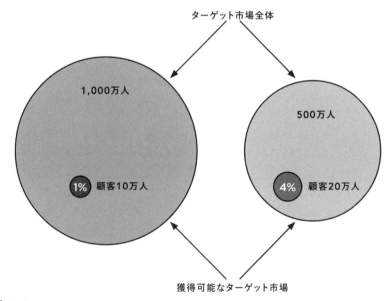

図 5 - 1
1,000万人のターゲット市場のうち10万人の顧客にリーチするのと、定義がより明確な500万人のターゲット市場のうちの20万人の顧客にリーチするのとを比較した場合、たとえ1%が4%より少なく聞こえたとしても前者のほうが簡単に達成できるということにはならない。

そのうちの10％にリーチできさえすれば顧客を1,000万人も獲得できる！」とか「……100万人の顧客を狙うなら、たったの1％でいい！」とか。確かに、全体からしたら10％なんて微々たるものだ。ましてや1％なんて爪の先くらいなもの！　ところが、だ。「たったの1％」を簡単に獲得できると思うのは、巨大な分母に惑わされた幻想である（図5-1）。

　1億人いるターゲット市場のうち100万人の顧客を獲得するのは、400万人のターゲット市場で100万人を獲得するよりも格段に簡単だとは言い切れない（むしろ、まったく簡単ではないかもしれない）。もちろん、メッセージを誰に向けてどのように発信するか、またターゲットにしている市場セグメントのニーズをどう理解するかということに影響を与えるのは間違いない。しかし、潜在的な市場の大体の規模を把握するのは、単に最初の一歩にすぎないのだ。

関心の高さを測る

　ターゲット市場を特定したら、今度はその市場にいる人たちが何を求めているのかを理解し、自分たちが提供しているもの（あるいは、彼らのために作ろうとしているもの）が彼らにとって本当に必要なものなのかを見極める番だ。

UX／プロダクトマネジメントの現場から

煙あるところに……

　私が携わっていたCloudOnというプロダクトは、WordやGoogleドキュメントがタブレット上で利用可能になる前のiPad用ドキュメントエディタだった。最高製品責任者（およびCloudOnでの私の上司でありメンター）のジェイ・ザヴェリは、iPadで「ちゃんとした仕事」をしようなんて誰が思うのかという人々の懐疑的な眼差しの中、「iPadで使えるWord」に市場の需要があることを立証した人だ。

　彼がほかの幹部陣や取締役会に訴えたのは、比較的安価なGoogleアドワーズ（現Google広告）を活用して「WordがiPadで利用できるようになります！　登録してサービス開始のお知らせを受け取りましょう」というような内容の広告を出すことだった（これは、「スモークスクリーン（煙幕）テスト」とも呼ばれるものだ［訳註：スモークスクリーンテストとは、リリース予定もしくは構想中のプロダクトまたはサービスを、レスポンスを得られる形で告知し、関心や需要の度合いを測るテスト］）。

　便利なタッチスクリーンの携帯デバイスで生産的に仕事をしたいと強く望む人たちから、あっという間に何千、何万というメールアドレスが集まった。この関心の高まりは、最終的にジェスチャーベースのドキュメントエディタというタブレッ

ト用ネイティブツール（および、CloudOn が Dropbox に売却されたあとも現在まで存続している
いるクラウドドキュメント用協働型モデル）につながる研究開発の方向性を正当化でき
ただけでなく、最初のGTM（市場参入）戦略にも役立った。

　1つのアイデアに対する関心の高さを測ったり検証したりする方法は数多くある。
ある方法はより定性的なもの――個人的な話をもとにしたものだったり、確証バイ
アスの制限を受ける可能性があったりするもの――つまり、同じ考えを持つ人だけ
を対象に調査を行うものだ。ほかの方法は、より定量的で証拠に基づいている。

プロダクトマーケットフィット（PMF）を見つける

　「市場」参入に向けた次のステップは、プロダクトマーケットフィット（PMF）を限り
なく広く追求するということだ。このPMF、いささか謎の多いフレーズではあるが
（何を意味し、どうなれば達成したと言えるのかがよくわからないという人は多いのではない
か）、この言葉に隠された意味など何もない。文字通り、プロダクトが市場のニーズ
に明らかに適合しているという意味だ。しかし、この言葉は、プロダクトやそれを提
供する会社のライフステージの1つを表すのにも使われる。
　PMFを達成する以前のプロダクトは、まだ顧客との持続可能な関係を確立しよう
と模索している段階だ。ここで、物事を最適化したり、ソリューションの高度な技術
面に投資したりしても意味がない。なぜなら、大衆がそのプロダクトをどのくらい強
く望んでいるのかが、実際にはわかっていないからだ。ここでやるべきことは、初
期の顧客や彼らの行動が語ることに注意を払い、非顧客がプロダクトに手を出さな
い理由、あるいはコンバージョンに至らない理由をできる限り実質的に理解し、物

事が合致するまで何度でも実験を繰り返してPMFを見つけることだ。

　PMFの探求は、エンジェル投資を受けたスタートアップや企業が新規事業を立ち上げたり、あるいは既存の事業でまったく新しいプロダクトをローンチしたりといった、プロダクト開発の初期段階に携わるPMの仕事の大きな割合を占めている。そのほかのPMにとっては、PMFはすでに達成されているため、あとはプロダクトの機能の最適化や市場拡大、アップセル（訳註：客単価向上のための取り組み）などに着手することになる。

　だが、正直なことを言うと、ほかのよくある評価ツールと同様、PMFのコンセプトは主観的であり、いくぶん気まぐれなものだったりもする。

　PMFは、「石のスープ」という民話に出てくる石のように、良いことが起こるようにするための固定観念を与えてくれるものだ（訳註：「石のスープ」は、貧しい旅人がいかにも美味しくならなそうな石のスープを作ると言って村人の興味をひき、材料を恵んでもらうようにうまく仕向けながら美味しいスープを作り上げるストーリー。石は「固定観念」の比喩として用いられる）。しかし、それをイエスかノーかしかない客観的な事実のように扱ってはいけない。たとえPMFの尺度を量で測定するにしても、定性的なものとして扱うべきである。

「もし彼らが、割れたガラスの上を這うならば……」

　起業家精神旺盛な一部のプロダクト担当者が求めてやまない至高の理想といえば、お粗末なプロダクトでもPMFを達成できる企業である。そんなことは可能なのか？　まあ、人はどうしても欲しいものがあれば、割れたガラスの上を這ってでも手に入れようとするものだ。いやなに、玄関先にガラスの破片をばら撒くのが素晴らしいユーザー体験だと言っているのではない。期待より劣るひどい体験を我慢してでも手に入れたくなるようなプロダクトを提供して、人々のニーズを満たすという意味だ。

　このようなシナリオは、金脈を掘り当てたも同然。というのも、非常にシンプルな方法でプロダクト体験を改善するだけで、提供されている体験やサービスが元々持っている価値や魅力を活かせるからだ。加えて、直帰率や解約率が低減され、より多くの人がプロダクトを理解し利用できるようになる。最終的には、マイナス面を我慢してくれていたアーリーアダプター（初期採用者）の数をはるかに上回る、より大きな市場にリーチすることができるだろう。

7 Cups

　私が 7 Cups というメンタルヘルス・コミュニティのプロダクトヘッドを引き受けたのは、Y コンビネーター(YCombinator) が出資するスタートアップ企業として同社が設立されてから 1 年ちょっと経った頃のことだが、その理由は同プラットフォームが「ガラスの上を這う」レベルの PMF を実現していたからだった。

　このサービスはすべて、ひとりのエンジニアが既存のウェブ技術とサービスを使って構築したもので、アーリーアダプターからのフィードバックに応える形で自然に成長したものだ。そのため、当初はプロダクトとしてはとても完璧と言えるようなものではなかった。まず焦点が定まっていなかった。どうやって始めるのかもわかりにくい。似たようなオプションばかりがたくさんあって、ナビゲーションの選択肢も多すぎた。にもかかわらず、このサービスは急成長を遂げた。

　7 Cups が提供するもの（最小限の待ち時間で受けられる実際の人間によるオンデマンドのメンタルサポート）は、いくつもの期待外れな機能やプロダクト体験に目をつぶってでも利用したいと思うほど、魅力的で望ましいものだった。良い機会に恵まれたものだ！

プロダクトマーケットフィットに狙いを定める

　PMF をより効果的に定量化する方法の 1 つは、既存のユーザーに調査を実施し、そのプロダクトを利用できなくなったらどう思うかを聞いてみることだ。非常に残念？やや残念？ それとも、まったく残念ではない？

　もちろん、これは主観的な意見だ。しかし、投資家やプロダクト担当者のあいだで広くコンセンサスを得ている見方として、プロダクトがなくなったら「非常に残念」と答えた人が40％程度いれば、そのプロダクトは PMF を達成していると言える。

　マーケットフィットを得ているかどうかを見極める方法はいくつかある。では、フィットしていない場合はどうすればいい？ もし、その原因が、そのプロダクトがなくなって残念に思う顧客が十分にいないせいだとしたら、問題の解決策は、すでにプロダクトを熱心に支持している顧客層（プロダクトを失ったら「非常に残念」に思う人たち）を特定し、彼らにフォーカスすることだ。

　そういった熱心な顧客をもっと見つけて、それ以外の人たちを切り捨てるなんてことが可能なのか？ もっと多くの顧客に、支持層の顧客と同じように感じてもらうことはできないのか？ どう動くにせよ、肝心なのは、こうした異なるサブグループをよ

りよく理解して、彼らの違いを学ぶことだ。ターゲット市場のうち、あなたのプロダクトを熱狂的に支持する顧客には、どういった特徴があるだろうか?

Eメールプロダクト「Superhuman」の設立者兼CEOであるラフール・ヴォーラは、まだ顧客になっていない人たちを基盤にPMFを達成するための戦術的プロセスを紹介している。彼はそうした未顧客を「PMFエンジン」と呼んでいた。また、先述の方法で顧客調査を行ったのち、プロダクトを支持してくれる顧客(「非常に残念」組)に、そのプロダクトの何を気に入ったかを質問するよう勧めている。

次に、ユーザーをセグメント化し(市場セグメントのカテゴリーに決まりはないが、ヴォーラは一例として職種で分類することを挙げている)、あなたのプロダクトの支持グループにどのセグメントが多く含まれているかを分析する。

このプロセスによって、焦点を当てるべきセグメントあるいは属性(プロダクトを愛用する人の中でも特に代表的な層)や、意識的に無視すべきセグメント/属性(プロダクトがなくなっても気にしない層)に気づくことができる。その後、人々がそのプロダクトのどこを気に入っているかを分析することで、優良顧客を絞り込む際にプロダクトの長所を強化することができる。また、今は「やや残念」組だが、好みのものを提供されれば「非常に残念」組に変わる可能性がある顧客のデモグラフィック(人口動態変数)を把握できるようにもなる(図5-2)。

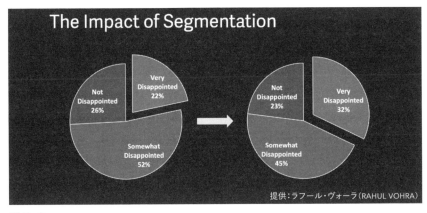

図5-2
ラフール・ヴォーラの「PMFエンジン」は、プロダクトを気に入る可能性が高い顧客に焦点を当てるプロセスを解明するのに役立つ。彼は「How Superhuman Built an Engine to Find Product/Market Fit」(SuperhumanはいかにしてPMFを見つけるエンジンを作ったか)という記事でその全容を説明している。

Go-to-Market戦略とは?

　市場のニーズを特定し、その課題に適したソリューションを用意できると確信していても、プロダクトをターゲット市場の顧客の手に届ける方法を知らなければ意味がない。スタートアップなら、まずはローンチし、それから市場にフィットするようにイテレーションを行うが、マーケティングに重点を置く成熟した企業では、成長戦略やメッセージング戦略を練った上でローンチを計画するのが常である。

　「Go-to-Market(市場参入／GTM)」という言葉は、"ローンチ計画"とも呼ばれるある種の戦略や計画を指す形容詞として使われている。プロダクトは幾度となくローンチされることがあるが(新しいバージョンの発表や、主要機能のアップデートなど)、Go-to-Marketとは通常、新製品の初ローンチ、または理論上ニーズに応えられると判断した市場への初投入を意味する。

　GTM戦略とは、次のようなことを目標とした包括的な計画を指す。

- ターゲット市場におけるプロダクトの認知度を高める。
- プロダクトが提供する機能やサービスを人々が見つけられるようにする。
- 潜在顧客を主人公に据え、勇敢な旅路の中でプロダクトを受け入れるという筋書きの物語を伝える。
- パートナーやほかの事業開発関係者と連携し協力し合う。
- マーケティング材料および利用価値のある広告素材を作成する。
- プロダクトの価格モデルを設定する。
- プロダクトの市場投入を成功させるために必要な人材と予算を確保する。

　一般的に市場への参入は、プロダクトチーム以外の利害関係者グループ(特にマーケティング、事業開発、営業、カスタマーサクセス、カスタマーサポートなど)と連携して行われるが、そのほかの関係者が関与する場合もある。

ローンチ計画は、プロダクトロードマップとは異なる。しかし、ステークホルダーがロードマップを要求するとき、彼らが本当に求めているのはプロダクトや機能が出荷される確実な日程であることが多い。これについては、第10章「プロダクトロードマップと、「ノー」の伝え方」で詳しく説明する。

Go-to-Marketは、GTM戦略に関わる活動全般を表す名詞としても使われる。

CloudOnの場合、iPad用アプリのバージョン1（当初はApp2Youと呼ばれていた）をApp Storeにローンチするときが来た際、ジェイは提供開始の通知を希望していた何万人もの潜在顧客に告知メールを送ることができた。

このEメールプロモーションのおかげでアプリは驚異的なダウンロード数を記録し、数々の直接的な効果を実感することができた。

- CloudOnは、公開初日にAppleの生産性向上アプリランキングで1位を獲得した。
- CloudOnは、公開初日に全アプリのダウンロードランキングでトップ10にランクイン。
- チャートで上位にランクインしたことで、Eメールリストから獲得した最初の顧客グループの規模をはるかに上回るダウンロードが自然と促進された。
- それにより、最初の波がおさまりつつある中でも、CloudOnは両方のチャートで数週間にわたって上位を維持。
- 予想外の熱狂ぶりでサーバのインフラに過度の負荷がかかったため、初日はCloudOnのダウンロードを制限する事態にもなった。

iPadで仕事をしたい人は大勢いると最初に予想したジェイの「賭け」は、正しかったことが証明された。

プロダクトマネージャーであれば、GTM戦略の策定に関わったり任されたりすることもあるだろう。あるいは、すでに市場が十分に確立されたプロダクトに携わっていて、漸進的なアップデートや変更をそれほど緻密に管理する必要がないかもしれない。たとえそうであっても、いつでもターゲット市場のニーズや不満を理解し測定するよう努め、プロダクトで何か新しいことを試すときには、それをどのように提供す

るかを常に念頭に置いて取り組むことが大切だ。

顧客への執着

　適切な顧客層をターゲットにし、プロダクトがその層から最大限愛されるようにするためには、UXの実践者にとって基本中の基本である、ユーザーを深く知ることが不可欠である。ユーザーと同等の強いこだわりと、彼らの要望やニーズを理解するために培った技量は、プロダクトマネジメントでも大いに役に立つ。PMの仕事で重要なのは、顧客に対してとことん執着し、できる限り頻繁に彼らと話をすることだ。

　新しいアンケートの回答や最新のトラフィック状況、行動データ、ソーシャルメディアに寄せられる苦情、アプリストアのレビュー、既存のデザインや提案されたデザインに対する直接的なフィードバックなど、PMならば顧客に関する新しい情報を得るチャンスがあればすぐにでも飛びつくはずだ。

　優れたプロダクト組織は、プロダクトチームと、カスタマーサポート、カスタマーサクセス、ユーザー基盤の動向を直接把握しているコミュニティマネージャーそれぞれとのあいだに強い絆を育んでいる。顧客をよく知る彼らは、PMにとって新たな味方となるだろう。そうした人たちは普段、プロダクトチームとの直接的なパイプがないことを不満に感じており、またPMが顧客を理解するのに確実に助けとなる洞察や見解を共有してくれる。

　彼らとの距離を縮め良好な関係を築く方法は2つある。

- データや計画を共有し、連携して見直すための公式なプロセスを定める。
- 公式な定例チェックインミーティングと並行して、相互支援とコラボレーションを中心とした、よりカジュアルで非公式な関係を構築する。

ローンチ vs. 最適化

　大半のプロダクトマネージャーは、ある意味、常に何かをローンチしている。それがまったく新しいカテゴリーの新規プロダクトとは限らないにしても、モバイルアプリのバージョン4.3であったり、新しい検索機能であったり、あるいはAIチャットボットであったりと、どのスプリントでも何かしら定期的にローンチしているのではないか。そうでないのは、18カ月に及ぶウォーターフォール型のソフトウェア開発ライフサイクル

（SDLC）を持つ巨大企業や、問題が起きるのを恐れて何かしらの理由をつけてはローンチを先延ばしにする、もはや革新的とは言い難いビジネス内に見られるくらいだろう。

しかし、一般的にプロダクトマネージャーには新しいものをローンチするのが得意な人と、すでに提供され稼働しているものを最適化するのが得意な人の、二通りがあるというのがプロダクトリーダーのあいだの定説だ。だからといって、前者タイプのPMにプロダクトローンチを任せ、すぐに後者タイプのPMを呼び入れてプロダクトの維持と最適化をさせろという意味ではない。しかし、どのようなプロダクトラインやプロダクト、オプション、機能であっても、それらを存続させるためには両方の要素が必要だ。片方のベストを引き出すことには、必ずもう片方も関わっている。

自分がどちらのタイプのPMなのかを考えてみよう。未知の領域に何かを送り出すときのワクワク感が好き？　根っからの怖いもの知らず？　アイデアが現実に変わっていくのを見ると力が湧いてくる？　それならば、おそらくあなたは周囲を鼓舞することが得意で、あなたのエネルギーは革新的なことや斬新なものと相性がいいのではないか。

それとも、チームやイニシアチブを構成し、そこから最高のパフォーマンスを引き出して成功に導くことに興味があるだろうか？　優れた設計のもと頑丈に建造され維持管理の行き届いた船の乗員になって、「この船で本当に何ができるのか見極めたい！」と思うタイプだろうか？　もしそうなら、既存のプロダクトを体系的に改善したり、画期的な機会を見つけたり、エンゲージメントや収益性を高め、さらにはそれをプラットフォームへと進化させたりすることに向いているかもしれない。

もしかしたら、あなたはそのどちらにも魅力を感じているかもしれない。それならば、PMに大きな裁量権が与えられる小規模なチームが最適なのではないか。

これは、どちらかに傾倒していなくてはいけないというものではない。Pluralsightのプロダクトリーダー兼ゼネラルマネージャーで、私のメンターでもあるハ・ファンは、次のように話している。

私は長い間、自分は何かを始めることはするが、それを最適化したりはしない人間だと思っていました。でも、このチームを組織し始めて以来、時間の経過とともに、"プラットフォーム"を作るということは"システム"を作るということなのだと気づくようになりました。でも、システムの構築は長期戦です。「ショートゲーム」で行うことはできません。

だから私は、こう考えるようになりました。「私は両方やっている」。常に新しいことを始め、そして常に古いもの（あるいは新しくなくなりつつあるもの）を最適化しているのです。

ビジネスのオペレーション面との関わり

　もし誰かが、プロダクトマネージャーとしてのあなたのビジネススキルについて聞いてくるとしたら、それが市場参入方法に関してではない限り、たいていの場合は財務やオペレーション、一般的なマネジメントに関するスキルについて尋ねている。

　おそらくあなたは、プロダクトマネジメントにはオペレーションに関わる要素が多分に含まれていることを理解しているだろう。それには、"プロジェクト"マネジメント（戦術的なプロダクトオーナー兼スクラムマスターとして）と"プログラム"マネジメント（複雑で野心的な目標を達成するための人材、チーム、リソースの調整という面で）の両方における、さまざまな事柄が関係している。

　UXデザイナーになる人の中には、自分は絵や図を描くのが好きだから、期日や進捗状況の管理は他の人に任せるのが一番だと考える人もいる。もしあなたがその1人なら、プロダクトマネジメントは休み時間がまったくない学校と同じに退屈なものに感じられるだろう。

　しかし、もしワークショップを企画して進行役を担ったり、ホワイトボードの前に立って同僚の懸念事項を書き出し議論を取りまとめたりするのが得意なUXデザイナーであるなら、あるいは、デザインマネージャーとしてオペレーションや人材管理に携わった経験があり、それが自分に合っていると感じるのであれば、あなたはプロダクトマネジメントの「ビジネス」の側面を問題なく受け入れることができるだろう。

　注目したいのは、どの分野においても、役職のランクが上がるにつれ仕事の内容は人材やプログラムの管理に重点が置かれるようになるという点である。その意味では、プロダクトマネージャーが事業責任者だというよりも、一般的にマネジメントや組織のリーダーシップに関わる人にはみな同じことが言える。

　とはいえ、プロダクトマネージャーとして真剣に向き合ってもらうためには、物事を順序立てて手際よく処理する力があることや、いくつもの未確定要素がある複雑なプロジェクトを調整して軌道に乗せられること、複合的な環境の中で協力し合うチームのモチベーションを高めサポートするために必要なコミュニケーションスキルや対人能力があることを、証明する必要がある。

ステークホルダーもユーザーなり

オペレーションについて語るとき、物事を成し遂げるために欠かせない重要な側面が、ステークホルダーの管理である。これもまた、対人能力と人を理解する力が役立つ場面だ。スタートアップの創業者で、UX、リサーチ、プロダクトマネジメントのコンサルタントでもあるノーリーン・ワイゼルは、次のように述べている。「UXデザイナーとして培ったスキルは、ビジネスのニーズを理解するのにも役立つ。なぜなら、ビジネスサイドでもステークホルダーサイドでも、何が求められているかを知るために同じテクニックを使うことができるから。見方を変えれば、彼らも"ユーザー"なのだ」

財務的観点でのビジネススキル

ところで、財務の話が出てくると、UXのリサーチや戦略やデザインに携わっているときには考えもしなかったまったく別の領域に足を踏み入れたかのような気分にならないだろうか。チームの大半はプロダクトマネージャーに何かを報告することはないので、PMが自分たちの携わるプロダクトの損益（P/L）を管理することはめったにない。それでも、自分のチームがビジネスに対してどれだけのコストをかけているのか、そしてどの程度の金銭的価値を生み出しているのかを理解することはPMの責務でもある。

財務状況は、チームのパフォーマンスに直接影響するだけでなく、そのビジネスユニットがコストセンター（訳註：利益を生まずコストにしかならない部門）になっていて、変化に対応しきれない可能性がある場合に、PMがそれを早めに察知する材料にもなる。

プロダクト担当者の誰もが金銭取引や収益に携わるわけではないが、PMの仕事を遂行するためには、お金が事業を通じてどのように流れ、プロダクトやそれを構築するチームにどう入り、出ているのかをある程度把握している必要がある。戦略的優先事項を実行できるかどうかは、不足しがちな資金をどれだけ獲得できるかにかかっている。

プロダクトマネージャーは、価値を生み出しそれを発展させる責任を担っているが、チームが出荷するコードの開発費用を受け持つ企業（または組織）に対して、

金銭的価値を生み出すことにも同様の責任を負っている。そしてそれは、サービスを提供するユーザーに対しても同じである。

　大体において、財務に関する懸念はプロダクトや機能の価格設定や、収益モデル、利益率の追求といった点で生じてくる。これについては、第8章「お金を得る」で詳しく説明する。

企業間取引（BtoB）プロダクト

　おそらく、プロダクトマネジメントの中でビジネス思考とビジネスの文脈に最も深く根差した領域は、BtoB（Business to Business）、つまりほかの企業を顧客とする取引である（企業対消費者間のBtoC、企業対行政間のBtoG、企業対消費者間介入のBtoBtoCとは対照的）。他企業が収益を上げるために必要なツールやサービスを販売することで、多くの利益を得るというビジネスモデルである。これは、金鉱に出かけて行って自ら金を探す代わりに、そこで働く鉱夫たちにキャンバス帆布とテントの杭を売って一攫千金を得たリーヴァイ・ストラウスの戦略にも例えられている。

　BtoBの文脈では、市場や顧客といった概念は比重が弱まり、より抽象的なものとなる。プロダクトの販売先は、個人ではなく企業である。たいていの場合、エンドユーザーは支払者（顧客）ではない。つまり、ユーザーを喜ばせても、顧客の支払い意欲や能力には直接影響しないのだ。また顧客は、こちら側のセールスマネジメントやアカウントマネジメントの同僚たちが知る特定企業の特定の人物であり、一般大衆でもネットユーザーでもない。そのため、ユーザー行動を把握したり、ユーザーや顧客と対話の機会を持ったり、統計的根拠に基づくデータ分析を試みたりといった戦略の多くに影響が出ることもある（第6章「プロダクトアナリティクス：成長、エンゲージメント、リテンション」で詳しく説明する）。

　顧客が消費者ではなく企業である場合にPMの役割がどう変化するかを感じてもらうために、別のプロダクトマネージャーの1日を紹介しよう。今回は、銀行向けソフトウェアを開発するBlendのプロダクトマネージャー、クレメント・カオに話を聞いた（彼は『Breaking into Product Management』の著者であり、プロダクトマネジメント実践者のための非常に人気の高いオンラインコミュニティ「Product Manager HQ」の主催者でもある）。

　起床は7時頃。朝食を食べながら、Slackとメールに目を通します。超多忙な1日が始まる前にゆっくりと朝食を味わいながら、今日やるべきことをざっと把握するのです。「勤務日」の最初の10分は、カレンダーの予定をすべてチェックし、最優先事項を確認します。

　BtoBの難点の1つは、アカウント（顧客）に制限されるため、簡単にはユーザーにアクセスできないことです。BtoCであれば、ユーザーテストの被験者は容易に集められます。人にプロダクトを見てもらうことは比較的簡単なのです。

　私たちのビジネスでは、顧客とのやり取りに「乱雑さ」をなくし良い信頼関係を築けるように、アカウントマネージャーに裁量権を与えることが重要です。それをうまく調節するために、通常はある程度のリードタイムを設けます。では、そういった話をするタイミングは？

　たとえば、私は大体午前中は3、4人のアカウントマネージャーと仕事をしています。このとき彼らは、顧客やユーザーに対して私たちが出す要求の目的を定めようとしています。

　アカウントマネージャーたちとの関係を深める利点は、彼らがエンドユーザーの定性的なフィードバックを提供してくれることです。「問題が生じていて、それが悪化している」といった情報を共有してくれるのです。これがBtoCの場合だと、ユーザーはプロダクトを気に入らなければ、ただ去っていくだけです。

　アカウントマネージャーたちとのミーティングを終える前に、誰が、何を、いつやるかを決めることが大切です。たとえば、「みんな、各自がEメールを書くことに同意したね。じゃあ、それをいつ送信する？　いつまで待って返信がなければ、どのタイミングでフォローアップする？　優先順位の付け方をはっきりさせたほうがいいね。そしたら、次は何を？」といった具合に。

　昼休憩の時間になりました。コロナ禍なので、リセットするために十分な時間を確保したいと思います。パソコンから離れて、大切な人と一緒に昼食を作ります。調理にかかる時間は通常30〜40分ほど。15分で食べて、少しその辺を歩き回ってからデスクに戻り、すぐに仕事に取りかかります。

　午後からは、自分が担当する別のプロダクト機能に取り組み、完成に向かわせます。

　BtoBで覚えておきたいのは、顧客はこちらが提供する機能だけでなく、それが含まれるプロダクト全体を使って事業を運営しているということです。プロダクトにはほかにもさまざまな機能が含まれているので、自分が担当する機能のため

だけにリテンションやエンゲージメント、利用率を最適化すると、ほかの人のワークフローを崩しかねません。

何をデザインし構築するにしても、それを顧客に提供したとき、彼らがそれをただ受け入れるようなことはありません。Facebookのメッセンジャーとは違います。Instagramのように、文句があるユーザーは使いながら慣れるしかないプロダクトとは違うのです。BtoBでは、そのようなことは起きません。どんなロールアウト計画のどんなスクリプトでも対応できるよう訓練された従業員が揃った企業が相手ですからね。

多くのパイロット顧客と直接やり取りをするPMとしての私の役割は、こちらの方向性や範囲や変更管理の提案をする際に、ユーザーが何を言うかということだけでなく、顧客幹部から出そうな意見についても、より多くのレンズ（分析・理解するための考察）を提供することです。

次に私は、プロダクトのオペレーションチームと、過去の機能のロールアウトがどのような成果を上げているかについて話し合います。各顧客への導入状況はどうでしょう？　それを確認するために、利用率のデータを活用することもあれば、「このアカウント（顧客）は、〇〇について非常に苦戦しているようです」といったような、アカウントマネジメントからの定性的なフィードバックを参考にすることもあります。基本的には、プロダクトオペレーションと連携して、これから発表する機能を顧客が導入できるようにするために、どういったメッセージング戦略を立てるべきかを考えます。

というのも、先ほども言った通り、出荷だけしてあとはデータが上がってくるのを待つだけ、というわけにはいかないからです。まずは、社内のステークホルダー全員をトレーニングする必要があります。「これをすると、こうなります。これはこういう機能です。ほかのものは、まだ準備段階なので起動しないでください。作動させると壊れます」とね。

さて、午後も後半に差しかかりました。ある顧客から、至急必要な何かに不具合が発生したという報告がありました。彼らは非常に困惑していて、誰かに見てもらいたいと言っています。そこで私がまず行うのは、その問題の状況把握です。

エンジニアの観点から何をすべきかを考えるのに十分な情報を顧客から得ているだろうか？　影響の範囲は？　誰に影響が及ぶ？　慌ててエンジニアに対応を頼めば、情報が不十分だと言われてしまうでしょう。

私たちは、Zoomで"作戦会議"を行い、不具合の確認と修正に向けて一緒に作業の優先順位決め（トリアージ）を始めます。どう処置するかが決まったら、ホットフィックスのリリース計画を立てます。

今日は、リリース済みプロダクトに発生した"火災"のおかげで、長い1日になりそうです。今回のバグと修正の影響を把握するために、コンプライアンスとこちら側の情報セキュリティ(InfoSec) を確認する必要があります。修正によって別の問題が生じる恐れがあるからです。

　それから、社内コミュニケーションを構築します。エンジニアリングチームはまだ修正プログラムをどのようにリリースするかを検討中ですが、私の仕事は、コミュニケーションのリリースの仕方を考えることです。コミュニケーションを発信したら、すべて完了です。"火災"は鎮火しました。

　ようやく終業です。私はいつも、仕事を終える前に1日を振り返り「朝、今日中にやろうと思ったことを完了できただろうか?」と自問します。完了できなかった場合は、そのことがこの週の残りの日の仕事にどう影響するかを考えます。今日の騒動の影響で、着手する順番を入れ替える必要のあるものは?　そうやって整理することで、今後のワークフローを把握できます。

　ここで私の仕事の1日は終わり。夕食を作り、あとはもうSlackを見ないようにして夜を過ごします。

この章のまとめ

- 「ビジネス」はいかがわしい言葉ではない。

- プロダクト担当者は、顧客と組織の両方のために価値を築く責任があり、そうすることでプロダクト自体も維持できる。

- プロダクトマネジメントには、ターゲット市場をよく理解し、その何パーセントかを獲得するために確固とした戦略を立てることが求められる。

- 新しいプロダクトをローンチする際には、「プロダクトマーケットフィット」を達成することがPMの第一の仕事。PMFを得ていないのに機能を追加したりバグ修正をしたりするのは、時間の無駄である。

- 優れたプロダクトマネージャーは、過去、現在、将来のすべての顧客に執着し、顧客のどんな小さな情報や洞察にも貪欲である。

- プロダクトマネージャーには、プロダクトの立ち上げが得意な人もいれば、既存のプロダクトの長所を引き出すのが得意な人もいる。

- 人材とプログラムのマネジメントは、プロダクトにとって非常に重要な要素であり、リーダーのポジションに就くにつれその重要性は増す。

- ビジネスとは、お金の話でもある。

- プロダクトによっては、顧客は別のビジネスになる。

プロダクトアナリティクス:
成長、エンゲージメント、リテンション

プロダクトマネージャーがやっていることの中でUX担当者があまりやらないこと、その中でもデザインの世界とは特に縁遠いことといえば、おそらくデータ分析だろう。一部のデザイナーが嫌厭するプロダクトマネジメントのビジネス面でさえ、「問題解決」や「競合するニーズに対するソリューション設計」など、UX人間にも聞き覚えのある用語が使われているのでまだ理解できる。それに、情報通のUXリサーチャーやストラテジスト、デザイナーの多くがデータを知的に吸収し、賢く活用して自分たちのプロセスに必要な情報を取り込んでいるのも事実だ。また彼らは、定量的な洞察と定性的な洞察の両方を組み合わせることの価値も知っている。

それでも……おそらくその誰もが——仕事のツールとして日頃からデータ分析を活用しているUX実践者でさえも——仕事の時間の大半を数字の羅列やデータ表や分析モデルとにらみ合って過ごしたいなんて思わないのではないか（ましてや、分析モデルの構築、テスト、デプロイなんて、まずやりたがらないだろう）。複雑な数値処理が大好きだからデザインやUXの世界に入ったという人は、きっとほんの一握りだ。あり得ないわけではないが、極めて稀だと思う。

プロダクトマネージャーは、ほとんどの時間をデータ分析に費やしているといってもいい。プロダクト担当者の大半は、データを理解することが仕事のすべてだと感じるような職務や期間を必ず経験する。データギークにとっては、実に楽しい仕事だろう。

 ## データにどっぷり浸かる

データの中に深く潜り込み、幅広く探求する。私はこれを「データにどっぷり浸かって暮らす」と言っている。「データの中を泳ぐ」と表現する人もいる。データに没入する毎日を送っていると、やがてデータのグレイン（訳註：データの最小単位）、粒度、サイクル、そしてそのほかの「ちょっとしたこと」を、ほとんど感覚的に感じ取れるようになる。

UX／プロダクトマネジメントの現場から

データの背後にある現実

Sudden Compassの共同設立者で運営パートナーでもあるマット・ルメイは、このデータへの没入感についてもう少し人文主義的な表現をしている。「僕はこれを"ユーザーの現実の中に身を置く"と呼ぶよ。データがほかの何かを代弁し

> ていることを忘れないでほしい。プロダクトマネージャーの多くは、ダッシュボードに延々と時間を費やして、顧客から直接学んではいないようだ」

　仕事熱心なプロダクト担当者は、朝目覚めた瞬間にその日のメトリクスが気になる。ノーススターメトリクスを頻繁にチェックし、重要なデータポイントが通常の数値より大幅に跳ね上がったときに気づけるようにアラートを設定する。いわゆるダッシュボードを、ただ見ているだけでは満足しない。代わりに、そこに示されるデータの意味を最大限理解するために数値を掘り下げ、「マッサージ」し、ピボット処理や細分化をするなど、あらゆることを試してみる。

　少なくとも、好奇心からの「What（なに）」を納得のいく説明が付いた「Why（なぜ）」に変え、そこから実行可能な「How（どのように）」に導くために、定性的に調査する価値のある手がかりや証拠を引き出そうとする。

汝、SQLを愛せよ

　ソフトウェアプロダクトマネジメントの仕事に就こうとする人、特に人文科学の学位や芸術系のスキルを持つ人にとって共通する懸念は、「どの程度の技術力が必要か」ということである。第4章「エンジニアを束ねる」で述べたように、それは担う役割によって異なるが、一般的には、リリース可能なコードを自力で作れるか、技術的なシステムのアーキテクチャを単独で設計できるかということよりも、技術的な概念や制約に精通しているかどうかが問われる。

　しかし、どのプロダクトマネージャーも身につけていて損のない技術的スキルは、データベースを照会し、データを操作する能力だ。運が良ければ、ワンクリックでチャートやデータ、解析結果さえも生成してくれるプロダクト分析ツールを使って仕事することができるだろうが、ときには自分で実際に「中に手を突っ込んで」直接データに触れながら処理するのがベストな場合もある。

　MySQLやそのほかのSQL（Structured Query Language）のクラスを受講して、コマンドラインでのデータベースクエリの基礎を学ぶのもいいだろう。この知識があれば、エンジニアにデータセットを取得するよう依頼したり、データアナリストにTableauなどのアプリで特別なビューを作成してもらったりしないでも、データに関する独自の質問ができるようになる。

せめてAirtableくらいは……

　全タブ付きスプレッドシートタイプのユーザーインターフェースで、データベースの作成やインポート、操作、クエリなどが簡単に行えるAirtableのようなツールが登場したことで、SQLコードを自分でコマンドラインに入力しなくてもよくなった。しかし、このようなローコードやノーコードのソリューションもできることは限られるので、プロダクトマネージャーとしては、データに関しては自分で対処できるようにしておくと、それが強みになる。

インスツルメンテーションを各機能に組み込む

　PMがまず学習することは、プロダクトや機能や修正プログラムのローンチについてだが、そのあとで気づくのが「インスツルメンテーション」（計測基盤）について学ぶことの重要性である。次のスプリントでそれをしようと決めたとしても、新プロダクトの開発の最初の数週間はデータによる裏付けのない「当てずっぽう状態」になってしまう。

　そこで初めて、インスツルメンテーションを真剣に捉え、対処すべき項目としてスペックテンプレートに付け加えることになる。この時点で、プロジェクトで達成しようとしている目標と結びつけ、成功度を測定する方法を考えなければならない。そうすれば、開発者と協力してローンチ時にこのインスツルメンテーションを機能に含めることができ、それが大きな成功につながる。

　その後も、新しい仕様が出るたびに、こうした一時的な対処を続けていることに気づき、エンジニアたちの協力のもと規約を定義するか、インスツルメンテーションをどのイベントにも適用できて何らかの分類法で定義された命名規則に従えるようにするシステムを導入するべきだと理解するだろう。

　そうこうするうちに、プロダクトのほかの部分と一貫性のあるインスツルメンテーションを完璧に行わない限り、何かを構築したりリリースしたりしようとは思わなくなる。

UXの本領発揮！

「Why」を見つける

　ユーザーエクスペリエンスのバックグラウンドがあるPMは、データの中に見つけた「What（なに）」から、定性調査でのみ発見できる「Why（なぜ）」へと会話を進めることのできる独特なポジションにいる。データの必要性を十分に理解していれば、議論を続けるよりもシグナルの調査をする必要があることをみんな

に説明する際に、より信頼度が高まるだろう。

ファネルの最適化

データを研究し、プロダクトの各部分を相互に能率的に機能させることに関する洞察を得るために最もよく使われている手法が、「ファネルの最適化」と呼ばれるものだ。考えてみれば、データをファネル（漏斗）で表すというのは面白い発想だ。理論的というよりは、非常に視覚的である。ファネルは、ほとんどのオンラインプロセスには（というより、人々が試みるどんな種類のタスクでも）いくつかのステップ（段階）があり、最初のステップに取りかかった全員が最後のステップまで到達できることは稀である、ということを表現している。

実際、次のステップへ進むごとに離脱者が出る傾向にある。もちろん、減少率はステップによって大きく異なる。減り方が極めて小さいステップもあれば、前のステップを完了した人の100％が同じく完了できるほど非常に快適なステップもある。でも経験則から言えば、プロセスに別のステップを追加するたびに10％ほどが離脱すると考えていいだろう。

なぜファネルなのか？

しかしなぜ、"ファネル（漏斗）"と呼ばれるのだろう？　それは、図6-1に示す通り、最初のステップを開始したたくさんの人が最後のステップに向けて数を減らしていくこの形から想像がつくのではないか。

各ステップを完了する人の数

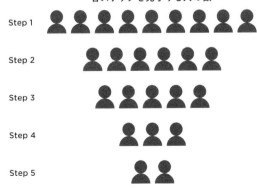

Step 1

Step 2

Step 3

Step 4

Step 5

図 6 - 1
5段階のステップがあるプロセスを例に考えてみる。ステップ1を9人が完了するが、ステップ5を完了するのは2人だけである。途中の各ステップで何人ずつ減っていくかを見れば（目を細めがちに）、なぜこのパターンをファネルと呼ぶようになったかが納得できるだろう。

ご覧の通り、上部が広く下部が狭いこの形の見た目が漏斗に似ていることから、ファネルと呼ばれるようになった。本物の漏斗は、上部ですべてを受け止めて次第に狭まる下部の穴へ流し込んでいくが、その動作はここでいう「ファネル」には当てはまらない。

ファネルの分析方法

　ファネルは、市場に何が起きているのか、顧客はなぜ異なるステージで離脱していくのか、またそれらのパターンが経時的に変化するものなのか、あるいはほかの要因に影響されるものなのかといったことを理解するのに役立つが、ファネルの見方はいくつかある。

　最初にやるべきことは、離脱率がほかとは大幅に異なるステップを特定することだ。図6-2は、オンラインカウンセリングサービスの登録プロセスの全容を示していて、チャットボットとの対話、カウンセラーとのマッチング、クレジットカードの登録、3日間の無料トライアルの開始などが含まれている。

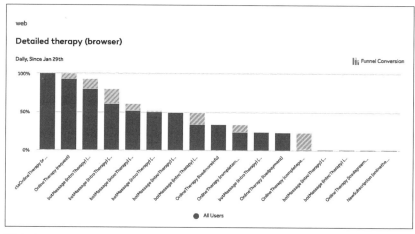

図 6 - 2
ファネルのほぼすべてのステップで離脱者がいることがわかるが、あるステップでほとんど全員が離脱した。

　Amplitudeで作成したこのグラフでは、濃い色のバーはある期間内にそのステップを完了した人の割合を表している。斜線部分は、前のステップからの離脱分である。

　最初の数ステップで少々の離脱が見られるが、4つ目のステップ（チャットボットの導

入直後）で大幅な離脱があり、そのあとの数ステップではほぼ全員が残っている（これらのステップは、チャットの質問に簡単に回答するもの）。

そして、1/4から1/3の人が離脱するステップがいくつか続く。それらのステップで何が起こっているのかを理解するために、精査する必要がある。質問の難易度が高すぎただろうか？　文章のトーンが間違っていただろうか？　何か難しいことや部分的に壊れているものがあって、ステップを完了させる、あるいは理解する妨げになったのだろうか？

しかし、このファネルでは、ほぼ全員を失ったステップが特に目を引く。ここでユーザーが何を求められたのか、わかるだろうか？（「財布からクレジットカードを取り出す」？　正解！）。

離脱を深掘りする

ところで、顧客がビジネスやサービスの価値を判断する数秒、すなわち「Moment of Truth（真実の瞬間）」では常に、平均よりも大きな離脱率が示されることを心に留めておきたい。これは容易に予測できる。潜在顧客の中には、ウィンドウショッピングだけの人もいる。多くの人は、1回きりの支払いやサブスクリプションなど費用がかかる可能性のあるものはもちろんのこと、何かにコミットする前には本当にそれでいいのか最終確認をする。

オンラインストアのショッピングカートに商品を入れたまま、土壇場でやっぱりいらないと判断してカートを放棄したという経験は、誰にでもあるのではないか？　実際、Eコマースのカート分析は、基本的には私たちがここで話しているようなファネル分析の起源と言えるもので、購入以外のプロセスやタスクに対しても同様に活用できる。

そんなわけで、この段階でやるべきことは、ほかでは見られない大幅な離脱があるステップを調査し、問題の要因が何か、またその対応策、緩和策、回避策はどのようなものが考えられるかという仮説を立てることである。

価格がわかったときに、予想を上回る値段で顧客がショックを受けないように、前もって期待価格を高めに設定してはどうだろう？　満足している顧客からの「お客様の声」が、無料トライアルにしか申し込まない消極的な人たちを説得してプロセスを完了させるのではないか？　などなど。

これは、ファネルを調査する手法の1つにすぎないが、最もわかりやすい方法でもある。ほかにも、「このステップ全部、本当に必要か？」といったことも考えてみ

るべきだろう。つまり、プロセスを少し合理化してステップをいくつか省けば、より多くの人がプロセスを完了できるのでは？　という仮説だ。

トレンドを時系列でモニタリングする

　ファネルを読み解くもう1つの方法は、横から見るということ。つまり、特定期間内のファネルでの集約的な動きに焦点を当てる代わりに、時系列で結果を比較するのである。これは、どのステップ内のレベルを比較するのにも適用できる（今週ステップ3からステップ4へ進んだ人は何パーセントいるか、また先週のステップ3の割合と比較するとどうか、など）。あるいは、複数のステップにわたって、またはファネル全体でも同様だ（ファネルの経時的なパフォーマンスを一目で確認するのに最も簡単な方法はどれだろうか？）

　図6-3は、12カ月間のファネルのコンバージョン率を示している。この期間、いくつかの実験を行い、ファネルのパフォーマンスを向上させる方法についての仮説を検証した。このグラフでは、1年かけて徐々に改善されていることがわかる。最初は1.2％近くの人がファネルを完了しているのに対し、最後のファネルは約1.7％が完了しており、コンバージョン率が40％ほど向上した。

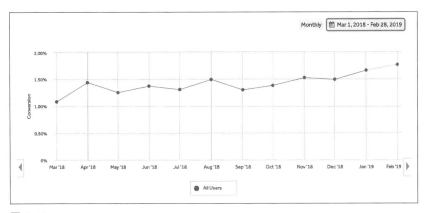

図6-3
このファネルはコンバージョン(最終ステップの完了率)を時系列で追跡している。

ファネルを短略化する

　ステップが多数あるプロセスでは、フォーカスを見失いやすくなる。そこで、長い(ステップが多い)ファネルを分析するもう1つの方法は、すべてのステップを計測したのち、そのうちの「主要な」ステップや重要なマイルストーンとなるステップだけを取り上げたグラフを作成することだ。このアプローチによって、グラフが整理されて見やすくなり、特定のステップではなく最も改善が必要な部分が浮き彫りになる。ファネルデータの経時的な変化を見ることができるこれらの方法は、どこに改善が見られ、どうすれば「スループット」を最大化できるかを見極めるヒントを与えてくれる。

ファネル中毒にご注意

　どんな実験もそうだが、特定のファネルを完璧にすることに集中するあまり、プロダクトのほかの側面をおろそかにしないよう注意が必要である。現在のファネルとはかなり違って見えるかもしれない体験(異なるシーケンス、インターフェース、アフォーダンス、複雑な経路など)を、まったく別の方法でデザインするという試みを怠らないようにしたい。

　ファネルを最適化する作業は影響力の大きい体験であるため、のめり込んでしまうことがよくある。そのため、目の前にあるファネルでは定量化されにくい、または正しく表現されていないプロダクト内の問題などを見過ごさないように気をつける必要がある。

グロースメトリクス（成長指標）

　プロダクトアナリティクスに携わる人は、必ずと言っていいほど重要な数値を上げる方法を探している。そうしたデータポイントの上昇には、プロダクトの成果を最も純粋に定量的に捉えることが不可欠である。あなた自身の仕事でもすでに経験しているかもしれないが、「成長」はそれ自体が専門分野であり、それに特化した部門がプロダクトチームに組み込まれることもあれば、目的を超えて協力し合うこともある。

　準科学的な実験を通して主要なメトリクスを急速に、猛烈な勢いで成長させることでキャリアを築いてきた「グロースハッカー」と呼ばれる人たちがいる。この仕事は、プロダクトマネジメントのスキルとプログラミング技術を融合させていることが多い（「ハッカー」という言葉は、実践的な技術力を有する人を指す場合と、既存のパターンを「ハック」して成長を最大化する新手法を見つけるために積極的にアイデアを試す人という、より広範な概念を指す場合がある）。

　プロダクトマネージャーの職には、「成長」の領域のみを担当する「グロースプロダクトマネージャー」と呼ばれる人たちも存在する。しかし、普通どのプロダクトマネージャーも、程度の差こそあれ物事を成長させることに心血を注いでいる。

　一般的に成長ターゲットは、アクティブユーザー基盤と収益の2つに向けられ、ほぼ必ずと言っていいほどユーザー基盤を成長させる取り組みから始められる（誰かから収益を得るには、まず彼らにそのドアを開けて入って来てもらう必要がある）。

AARRR！　海賊のごとくユーザー基盤を成長させる

　数年前、起業家でeBayやPayPalなど多くのIT企業への投資家としても知られるデイブ・マクルーアは、「AARRR（アー）」という海賊の叫び声を模した記憶法で、成長促進の"テコ"となる5段階のフレームワークを提唱した（図6-4を参照）。

顧客のライフサイクル：成功に導く5つのステップ

- **A**cquisition：獲得。ユーザーがさまざまなチャネルを通してサイトを訪問
- **A**ctivation：活性化。ユーザーは初訪問を楽しむ。「ハッピー」なユーザー体験
- **R**etention：継続。ユーザーがサイトを複数回再訪
- **R**eferral：紹介。ユーザーがプロダクトを気に入り他者に紹介
- **R**evenue：収益化。ユーザーが収益につながる何らかの行動をとる

図 6 - 4
デイブ・マクルーアが考えた便利な記憶法は、(スタートアップ志向の文脈で)成長の鍵となるステップを覚えるのに便利である。

ハードコアな海賊、もとい、グロースハッカーの中には、この5段階の初めにもうひとつAを加えて「AAARRR（アアー）」と発音する人もいる。

- – Awareness（認知）
- – Acquisition（獲得）
- – Activation（活性化）
- – Retention（継続）
- – Referral（紹介）
- – Revenue（収益化）

この成長モデルには、最後の2項目を入れ替えたバージョンもある。もちろん、すべての成長活動の最終目標が"常に"収益化である必要はないが、スタートアップ（このアドバイスの発祥）では通常そうで、ほとんどどの形態の企業も収益を最後にもってくる傾向にある（日頃から金銭取引を行わない非営利団体や政府機関であったとしても、予算や経費は発生するのだ）。

このシーケンス自体、一種の長期的なファネルと見なすことができ、またそのよう

プロダクトアナリティクス：成長、エンゲージメント、リテンション

に計測することも可能だ。最終目標までの各段階は、それぞれが複数のステップで構成されていることも考えられ、ファネルの緩やかなシーケンスとも言える。

Awareness（認知）

　"Awareness"（認知）は、どんなユーザー成長においても最初のステップである。人々はプロダクトを試す前に、まずその存在を知る必要があり、どこかで耳にする必要がある。誰かに教えてもらうか、広告を見るか、宣伝文句を聞くか、検索結果の中からリンクを見つけるかして、それからプロダクトに手を伸ばそうという気になるのだ。

　認知度を得るということは、潜在顧客のレーダーに引っかかるということであり、それはつまり「プロダクトマーケティング」での"スイートスポット"を捉えたマーケティングをするということと重なる（基本的にはマーケティングそのものなのだが）。しかしながら、もちろん認知を得るだけでは十分ではない。そのサービスを知った人に試してみようと思わせる何かが必要である。

Acquisition（獲得）

　"Acquisition"（獲得）とは、見込み客をユーザーや顧客に変えさせ、プロダクトのユーザー基盤に「獲得」することを意味する（「獲得」とはいささか表現に問題があるようにも感じるが、「A」で始まるのでちょうどいいのだ）。

　何をもってユーザーを「獲得した」と言えるかは、さまざまに定義できる。アプリストアからアプリをダウンロードすることも獲得と言えるし、ウェブサイトを訪れサイト内のコンテンツを見たりクリックしたりすることも、獲得とカウントできるかもしれない。確実にそう呼べるのは、サインアップ（登録）だ。誰かがあなたのサービスにアカウントを作れば、あなたはその人を獲得したと考えていい。

　おそらくみんな、サインアップこそが重要なステップだと思うのではないだろうか。新規顧客ゲット！　目標達成！　しかし、ユーザーが会員登録したからといって継続的なエンゲージメントが保証されるわけではないし、そのユーザーが収益を生み出すことはおろか、プロダクトの成功にとって価値のある存在になるかどうかもわからない。そうなるには、プロダクトの試用者が積極的にそれを使い、いわゆる"アクティブユーザー"になってくれる必要がある。

Activation（活性化）

　"ユーザー"は、プロダクトで何らかの意味がある体験をするとき、「活性化した」または「アクティブになった」と表現される。プロダクト分析ソフトの多くは、ユーザーがデータに現れた時点で「アクティブ」と見なすようにデフォルトで設定されている。あるユーザーが、あなたのアプリを月曜日にダウンロードして試したとする。

　このユーザーは、火曜日は忙しくてアプリのことを忘れていたが、水曜日に何か（たとえばプッシュ通知とか）でアプリのことを思い出し、再びログインしてアプリ内を探索してみた。そして週末、土、日ともアプリを再訪する。

　このユーザーは、この週は月、水、土、日曜日にアクティブとカウントされるが、ほかの曜日はされない。また、これらの日が含まれる週（もし週の途中で期間が区切れる場合は、2週間）、あるいはこれらの日が含まれる月（または複数月）の週間アクティブユーザー（1回）として数えられる。

> **NOTE　DAU、WAU、MAU**
>
> 　プロダクト担当者は、日間と月間のアクティブユーザー数について話題にすることが多く（私が率いたプロダクトの月間アクティブユーザー数が100万人に達成したときは、かなり興奮した！）、ときには週間アクティブユーザー数も取り上げるが、これは各期間のプロダクトの使用頻度による。これらの指標はDAU（Daily Active Users）、WAU（Weekly Active Users）、MAU（Monthly Active Users）と略されている。興味深い分析方法に、DAU/WAU や DAU/MAU など、2つの期間の比率を比較するというのがある（通常パーセンテージで表される）。この数値は、全体的な成長が横ばいか、上がっているか、あるいは落ちているかを示したいときに役に立つ。たとえば、DAU/MAU は、一般的なユーザーが月に平均何日訪れたかを教えてくれる。比率が20%なら、ユーザーはその月に約6日間アクティブだったということだ。一般的には大体40%あれば良いとされ、50%を超えていると優良なサービスと見なされるが、実際には業界の基準次第で変わってくる。

　この「活性化／アクティブ」の意味を、サービスを「訪れること」と定義する問題点は、チャーン（解約）や直帰（意味のあるエンゲージメントをしないままプロダクトやサイトを訪れてすぐに離脱）する人もカウントされるため、状況が誇張されやすいことだ。したがって、ユーザーが何らかの行動を示すということをカウントの条件に加えたほうが、より有用なデータが得られる（通常は、ユーザーを「アクティブ」にする条件

を満たすイベントが入ったカートを特定し、一定期間内にそのカート内のイベントのどれかをトリガーしたユーザーをすべて追跡する）。

　もう1つのモデルは、サイト（やプロダクト）を訪れた人をすべてアクティブユーザーとして追跡し（これは、仲間や洞察力に欠ける投資家を感心させるのにもってこいの「バニティメトリクス（虚栄の指標）」になる）、さらに"エンゲージドユーザー"と呼ばれる人たちの数を示す別のメトリクスを追跡するというものである。エンゲージドユーザー数は、単なるアクティブユーザー数をカウントするよりもハードルが高い（たとえば、厳選された小規模なリストからイベントをトリガーする、といったユーザー行動がカウント条件に課される）。

　そうしてから、今度はエンゲージドユーザーとアクティブユーザーとの比を割り出し、冷やかし客を参加客に変えられそうなポイントがどこかを確認することもできる。最終的に、ユーザーがプロダクトにエンゲージすればするほど、彼らをユーザー基盤に維持できる可能性が高まる。

Retention（継続）

　基本的には、プロダクトの成長は利用の継続、顧客の維持を意味する「リテンション」にかかっている。手堅いリテンションを得られなければ、認知度を高め、新規ユーザーを獲得し活性化させるために大量の時間とお金とエネルギーを無駄に費やすことになる。穴の空いたバケツを水で満たそうとするように、せっかく獲得したユーザーも目の粗いザルから溢れてしまうだけだ。

　プロダクトを試してくれるユーザーの割合を健全に維持することが複合的な成長への確実な道となるため、リテンションを分析し、サービスに満足して戻ってくる顧客や会員、クライアントと最も相関性の良い体験の組み合わせを探すことに多くの時間を割くのが好ましい。

　ユーザーをいかに維持できているかを調べる簡単な方法の1つは、特定期間の新規ユーザーとリピーターについてよく観察することだ。もし、リピーターの数（全ユーザー数から新規ユーザー数を引いた数）が増えていれば、それはかなり良い兆候だと言える。もし、リピーターの割合（全ユーザー数から新規ユーザー数を引き、全ユーザー数で割ったもの）が増えていれば、それもおそらく良いことだ（ただし、新規ユーザーの獲得が追いついていないことを意味する場合もある）。

　図6-5に示された1つ目のグラフでは、月間のリピーター数が5万人に到達するまでにわずかな上昇傾向が見られる。2つ目のグラフでは、同じ期間内のリピーター

率が、約14％から18％へと大幅に増加していることがわかる（およそ30％の伸び率）。

図 6 - 5
月間リピーター数を、初めのグラフは絶対値で、次のグラフはパーセンテージで表したもの。

　リテンション分析の柱は、新規ユーザー数とリピーター数の絶対値を比較するより
も、もっと深いところを掘り下げることにある。コホート（ユーザーグループ）内の特
定ユーザーの動向を追い、最初の訪問のあと、いつ、どのくらいの頻度で戻って
きているかを追跡するのである。
　図6-6は、約半年間の週間リテンションを分析したグラフだ。0週目が100％な
のは、その週にアクティブだった人たちが追跡対象のコホートであり、基準となる週
において定義上全員がアクティブだったことを意味している。1週目では、リピーター
率は25％を少し超える程度で、基準週に来た人の4人に1人強が1週間後に戻っ
てきたことを示す。

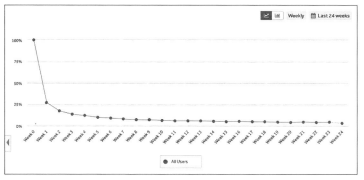

図 6 - 6
週間のリテン
ション率を表
すグラフ。

Chapter 6 ── プロダクトアナリティクス：成長、エンゲージメント、リテンション

2週目になると、リテンション率は20％に近づき、週を追うごとに減少して見覚えのあるロングテールのパターンを描くようになり、何週か先以降は5％前後で横ばいになった。これはファネルではない。3週目の数字が2週目の数字より増えてもおかしくはないはずだが、実際には、そのようなことはめったに起こらない。

> **NOTE** リテンション
>
> リテンションは、特定の日に戻ってきた人（厳密な計算）か、特定日を含めその日までのいずれかの日に戻ってきた人（より大まかな計算）のどちらかで計測することができる。どちらの分析でも、興味深いパターンが見られるだろう。

図6-6のようなリテンショングラフのデータポイントはどれも、ほかのコホートの週（または日、月）と比較することができる。たとえば、図6-6のコホートが10週目で10％のリテンション率だったとして、次に0週目がその1週間後になる人たちを対象にした同じグラフを作成し、そのコホートの10週目のリテンションが10％と比べてどうであるかを確認することができる。そうした時系列での分析は、同一グラフ上に表示することも可能だ。

図6-7のグラフでは、モバイルサイトに会員登録したユーザーの月間リテンション率の経時的な変化が示されている。

図6-7
モバイルサイトユーザーの会員登録後のリテンションデータ。

コホートは、必ずしも長期的に観察しなくてはいけないというものではない。コホートとは、比較分析のために集めたユーザーグループのことで、（収集内容に応じて）データを参照し、左利きの人、50歳以上の人、設定言語ごとにグループ分けされた人など、対象ユーザーを選定できる。そして、その人たちのリテンション率を時系列で比較し、学ぶべき教訓や得るべき利点があるかを確認する。

Referral（紹介）

成功への取り組みにおいて、認知、獲得、活性化、継続（リテンション）のモデルを最適化することができたなら、少なくとも一部のビジネスにとって次の成功促進のテコとなるのが、紹介率を向上させることである。この「海賊」の指標はスタートアップ向けに考えられたものであって、すべてのビジネスモデル（たとえば、ほとんどのBtoBビジネスなど）が紹介を活用できるわけではないことに注意してほしい。

あなたのソフトウェアを使用している誰かがアクティブユーザーになり、エンゲージメントを増やして継続的に利用するようになったなら、その人たちはおそらくあなたのプロダクトをとても気に入っている！　彼らは友人に勧めたいとすら思うだろう。そこであなたが、それを実行するための手段（たとえば共有ボタンなど）を提供し、彼らが一番そうしたくなるタイミングでそのアプリを勧めるよう促すトリガーを組み込めば、どの新規ユーザーが既存顧客からの紹介リンクを辿って到着したかを追跡し始めることができる。

熱心なサポーターをプロダクトのアンバサダー、もっと言えばエバンジェリスト（伝道者）に変えることができれば、それが究極の成長エンジンになる。

あなたのプロダクトを推奨してくれるユーザーの一部をモニターし、彼らの紹介によって獲得した新規ユーザーの割合を計算すると、"バイラル係数"と呼ばれるものを算出できる。このバイラル係数で実際に測るのは、追加のマーケティングや宣伝努力を行わず、既存のユーザー基盤だけを頼りに、どれだけの新規顧客を獲得できるかということだ。

とにかく、通常「バイラリティ」の方程式といえば、以下の通りだ。

- 各顧客が送った招待数：i
- 招待が顧客獲得につながった割合：c%
- つまり、バイラル係数（K）＝i × c%で、Kは各既存顧客がコンバージョンした新規顧客の数ということになる。

Kが1を下回る場合、ユーザー基盤は追加の獲得がなければ時間とともに縮小していく。もし1なら損益分岐点である。したがって理論上は、1以上ならどんな数値でも好ましい状態であり成長の助けになるということだ。とはいえ、Kの数値が1.02と15では、15のほうがはるかに効果的であるのは言うまでもない。

　この紹介モデルの良いところは、循環するということだ。バイラル係数が十分に高ければ、成長につながるすべての数値を上昇させる好循環が得られる。

UX／プロダクトマネジメントの現場から

果たして「バイラル」というメタファーは適切か？

　正直いって、今のこのご時世にウイルスをメタファー（比喩）にするのはどうかと思う（訳註：「バイラル（viral）」の語源は「ウイルス」または「ウイルス性のもの」であり、ウイルスのように拡散されることを示す比喩表現である）。もっと健康的な用語にできないものか……。これについて、真剣に考えた人がいる。ケビン・マークスは、「How Not to Be Viral（広げるならウイルスじゃないものを）」と題した自身のブログ記事（十数年前の投稿だが）に、彼がこの言葉の代わりになると考えた比喩表現をいくつか紹介していた。どれも、自然がテーマで、病気を連想させる言葉は避けている（病気のように振る舞うものには必ず免疫反応が起こる、という警告でもある）。

Scattering lots of seeds
たくさんの種を撒く（多くの植物や動物が用いるr戦略）

Nurturing your young
子を育む（哺乳類が用いるK戦略）

Fruiting
実をつける（「種アリのほうが美味しい」）

Rhizomatic
根を広げる（「根っこから上へ」）

ほかには、どんなものがあるだろうか？

Revenue（収益化）

海賊指標の最後の「R」は、お金に関するものだ。スタートアップ企業にとって、持続可能性を得ることが最重要課題である。そのため、最適化すべき重要な成長指標は収益であることが多い。もちろん、アーリーステージのスタートアップには収益がない場合がほとんどなので、その場合は、最終的に潜在収益となるユーザー成長を、収益成長の代替として扱うことになる。

収益のモデル化と最適化については、第8章「お金を得る」を参照してほしい。

注意すべき2つのこと

データというものは、何かの数値を向上させるためにソフトウェア体験の人間的な側面を無視しやすいことから、UXの世界では悪者扱いされることが多い。しかし、データ分析は、状況調査やジャーニーマッピングなどと並ぶツールキットに含まれるツールの1つにすぎない。それ自体に善いも悪いもなく、何にどんな影響を及ぼすかは活用のされ方次第だ。

とはいえ、重要指数を執拗に最適化することには、2つの重大な落とし穴があるので注意したい。

- 「闇の指標（ダークメトリクス）」、つまり人の不幸や欺瞞や操作によって増強されたデータを最適化することに夢中にならないようにする。
- 「代替指標（プロキシメトリクス）」を選択する際には、「地図と土地を取り違えない」ように十分注意する。代替は代替であって、現物ではない。

この2つのトラップは、性質的にある意味異なる。前者は、主に人の価値観と警戒心に左右されるものだ。後者は、データを深読みしすぎることで陥りやすい問題である。

ダークメトリクスとは、短期的にはビジネスに利益をもたらすかもしれないものの、人を欺く行為の上に成り立つ指標である（購読のキャンセルを難しくしたり、許可なく、もしくは明確な情報開示なしにアドレス帳をスクレイピングしたりするなど）。

選択したプロキシメトリクスが不適切だと、それ自体の数値ばかりを最適化してしまい、本来その指標が示すはずの目標が達成されない可能性がある。

これについては、医学業界でとてもよい例があるので紹介しよう。私は医者では

ないし、これは又聞きにすぎないので、鵜呑みにはせず1つのアイデアとして聞いてほしい。

- コレステロール値が高いと、心臓発作のリスクが高まっている可能性がある。
- スタチンを服用するとコレステロール値を下げられる。
- しかし、この数値が下がっても、心臓発作のリスクの低下とは相関性がないかもしれない。

つまり、ある状況を表すために選んだ指標が、その根本的な状況を改善しないまま変更される可能性はある。そのため、木を見て森を見ずとならないように代わりの指標は慎重に選択し、さらにほかの指標を使い結果を検証することが大切だ。

元Googleのプロダクトコンサルタントであるルーカス・バーグストロムは、いくつかの定量データは、常に定性調査を行って実態の確認をする必要があると指摘する。彼は、「少なくとも私は、プロダクトの指標と定性調査という対極的なツールの両方を、いつでも臨機応変に使い分けることが大切だと考えます」と話していた。

成長ステージ担当PMの1日　ジャネット・ブランクホースト（スタートアップ企業 Aurora Solar）

── あなたがプロダクトマネジメントを実践している環境はどのようなものか、教えてください。

研究開発、既存プロジェクト、新しいセグメント用の新規プロダクト、そのすべてを取り扱っています。

── 仕事の日は、1日をどのようにスタートしますか？

仕事の前に、書き物をします。仕事とは直接は関係のないことですが、チームがどう構成されていて、どうすればもっと良くなるかといったことを考えてメモしています。朝食を作り子供たちの支度を手伝いながらSlackやEメールをチェックして、業務開始となったらすぐに仕事に集中できるようにしています。朝一でミーティングがないときは、エンジニアからの質問のフォローアップをしたり、何らかのテストをしたり、戦術的な仕事をしたりしています。

── 朝の早い時間は何をしていますか？

私は早朝が一番生産的になれるので、そのあいだに戦略の立案などに没頭したいのですが、たいていは1つ2つミーティングが入ります。可能なときは、少し込み入った課題に取りかかりますね。

―― そのあと、午前中の残りの時間はどう過ごしますか？

ひたすらミーティングです。

―― 午前中の仕事終わりには何をしますか？

ミーティングです。週に2度、お昼にフィットネスジムに行きます。そのときはお昼は食べません。

―― 昼休憩はいつですか？

お昼の12時からです。

―― 午後は、最初に何をしますか？

ミーティング。ないときは、デスクでリサーチをしたり、新しいプロダクトの定義をまとめたりしています。次に行う採用面接の準備をしているかもしれません。

―― 緊急事態や予定にない仕事が発生したときには、どう対処しますか？

まずは、緊急性の度合いと、その理由を明確に把握しようとします。本当に急を要するのであれば、Slackを介して関連チームに状況を知らせます。やるべきことがはっきりしているなら、Slack上で段取りをつけて問題解決に着手します。対処方法がわかっていないときは、それをクリアにできる人たちとSlackで話し合います。それでもうまく解決できない場合だけ、ミーティングを招集するんです。ですから、最初から会って話したいという要求は退けることもあります。

―― 午後の大半は何をしていますか？

たいていの日は……ご想像通り、ミーティングです！　ほかにも、完成したものをテストしたり、午前中に来たリクエストや質問に答えたり。できれば、時間のかかる仕事を先に進めたいですね。日によっては、午後にワークショップを行うこともあります。

―― その日の仕事の締めくくりには何をしますか？

最後の質問に答えて、翌日の予定表をチェックしてから、パソコンをシャットダウンします。

―― 夜も仕事をしますか？

必要なら。

この章のまとめ

- 優秀なプロダクトマネージャーは誰でも、データをじっくり分析して、可能な限り徹底的に理解することに時間を費やす。

- データに関して他者に依存しなくて済むように、またデータ分析を日常の一部と捉えられるようにするために、データを自分で直接扱うことを学ぶべきである。

- ローンチ時に「当てずっぽう状態」にならないために、構築するすべてのものにインスツルメンテーションを行う（プロダクト分析を加える）。

- 何でもかんでも追跡しようとしないこと。主要なユーザーとシステムイベントに焦点を当てる。

- ファネルを最適化することでUXやそのほかの体験改善方法が充実し、より多くの人が満足のうちにファネルを完了できるようになる。

- すべてではないが、プロダクト分析の多くが成長を促進する。

- プロダクトの「成長」は、たくさんのさまざまな要素で成り立っていて、有料・無料を問わずすべてがユーザー基盤の拡大に貢献する。その中には、認知、獲得、活性化（およびエンゲージメント）、継続（リテンション）、紹介、そして組織形態によっては収益化（略して「AAARRR」）が含まれる。

- データを盾に人を操作したり傷つけたりしてはいけない。

- 的外れな指標を追いかけて本質を見失わないように注意する。

7

実験を通して仮説を
検証する

プロダクトマネージャーはある種、科学者のようになる必要があるという話をした。目指すものが大きければ、マッドサイエンティストにだってなるかもしれない。しかし、根っこは常に証拠に裏付けられていて、物事を正確に測定することを怠らない、そんな科学者。

科学者は、ひとつのテーマについてできる限りのことを学び、まだ誰も明確な答えを出せていないと思われる事柄について知ろうとする。そんなとき、彼らは仮説を立てる。ここが創造力の見せどころ！　仮説とは、なぜ物事がそうなっているのかを考えることだ。仮説を立てたあとはそれを検証する方法を考えて、仮説の真偽を証明する。その仮説が正しくても間違っていても、検証が適切に行われていれば、実際に何が起きているのかが見えてくる。

実験は生活の一部

たいていのプロダクトチームは、実験をソフトウェア開発のほかの活動（主にビルドとフィックス）から切り離して考え、少人数のエンジニアチームを編成して任せるか（グロースプロダクトマネージャーやグロースハッカーと協力し合うことも）、開発サイクルの一部に組み込んで（たとえば第3スプリントごとに、というように）開発活動と実験とをローテーションしている。

しかし、これは実験にあまり重きを置いていないことの表れで、ほとんどの場合、便宜的に最も代表的なバケットテスト（スプリットテスト、ABテスト、多変量テストとも）を行うにすぎない。

実際のところ、プロダクトマネジメントでは何においても「賭け」の連続で、検証と実証実験が欠かせない。それは新規のプロダクトやサービスのローンチに関して

だったり、何かを改善することに関してだったり（第5章「プロダクトマネジメントの本分は、ビジネスだ」参照）とさまざまだが、そのどれもが、そこに何が起きているのか、進歩を妨げるものは何か、より良い結果を得るにはどうすればいいか、次に焦点を当てるべきものは何かを探るために実用的な仮説立案を必要としている。

　プロダクトに携わる人は実験を生活の一部とすら考えて、どんな決断も実験の上に成り立つことを理解したほうがいい。

ビルド vs. フィックス vs. チューニング

　ソフトウェア開発チームが日々取り組んでいることを大まかに分類するとしたら、まだ開発されていない何かを作っているか、既存の（リリース前のものを含む）ソフトウェアに見つかったバグや欠陥を修正しているか、すでにリリースされユーザーもついていて改善の余地があるソフトウェアを微調整しているかである。

　このどの開発段階においても、実験は重要な役割を担っている。

- 何を誰に向けてビルド（構築）するかを決定し、対象オーディエンスが実行している現在のやり方にどんなペインポイントがあるのかを明らかにして、彼らがそのソフトウェアを「採用」して自分たちの代わりにやらせたい「仕事」は何かを洗い出す。
- バグフィックス（修正）は特に実験的ではないが、どのバグを優先して修正するかを考えることは（バグはフラクタル的なものであり、どのプラットフォームやデバイスのどのシナリオにも対応する形ですべてのバグを修正することは不可能なため、優先順位付けが必要）、顧客にとってシームレスに機能するべきものが何か、そして何をもって「これで十分」と言えるのかについての仮説を検証することでもある。
- 成果を向上させるためのチューニング（調整）は、ほぼ実験と位置付けていい。プロダクト開発に携わるほとんどの人は、自分たちが実行する実験に対して深い考えを持っている。

仮説とは何か？

　かつて、ある賢者が「仮説とは、物事がなぜそのようになっているのかについて

の考えである」と説いていた。多くの場合、プロダクトマネージャーにとって仮説とは、不可解な結果や予測不可能な結果をより具体的に説明しようとする試みだ。私たちは、第6章「プロダクトアナリティクス」でプロダクトアナリティクスやメトリクス、データ分析について学んだが、思い出してほしい。PMがどれほど特定の主要ノーススターメトリックに固執しやすいかを。しかも、毎朝メールやSlackで更新の通知がくるように設定したり、暇さえあればレポートやチャートに目をやったりするほどに。

　毎朝同じノーススターメトリックを確認するのは、何か異変があったときにすぐに気づけるようにするためだ。なぜ深夜に売上がゼロに？　今日のダウンロード数がいつもの4倍あるのはなぜ？　Twitterでトレンド入りした要因は？

UX／プロダクトマネジメントの現場から

明確さと理解度の追求

　私が7Cupsにいた当時、無料のオンライン・メンタルサポートを提供していたのだが、そのサービスはアクティブリスニングのトレーニングを受けたボランティアの人たちに大きく依存していた。私たちは、彼らのことを「リスナー」と呼んでいた。当初、サイトのグローバルメニューに "Become a Listner(リスナーになる)" というボタンがあったのだが、それを採用希望者を呼び込むアフォーダンスとして、もっとうまく機能させられないだろうかと思うようになった

　当時チームの会話デザイナーだったヘザー・コーネルは、「サイトの新規訪問者は、リスナーが何かを知らない。ましてや、なぜリスナーになるべきなのかわからない」という仮説を提案した。なかなか説得力のある仮説だが、では、どうすれば検証できるだろう？

　コーネルは、例のボタンに違うラベルを付けてみることを提案した。"Volunteer as a Listner(リスナーのボランティアをする)" と "Become a Volunteer(ボランティアをする)" だ。この2つの代替案は、どちらも "Become a Listner" よりも良い結果を出し、"Volunteer as a Listner" が最も効果的であることが判明した。私が最後にチェックしたとき、7Cupsのトップメニューにはまだこのオプションがあった（図7-1）。

Connect Now　　Community　　Considering Therapy　　Advice　　Volunteer as a Listener

図7-1
7Cupsのグローバルメニューには、今も "Volunteer as a Listner" のボタンがある。

7Cups.com のグローバルメニューに見るように、特定のボランティア団体の具体的な名称の役割を探す人よりも、ボランティアの機会を探しているという人のほうがはるかに多いことに、私たちはこの仮説と実験で気づくことができた。

興味深いのは、比較的シンプルな仮説（人々は私たちが「リスナー」という言葉をどういう意味で使っているのかを知らない）が大幅な改善につながり、それに続く実験でさらなる洞察（ボランティアの機会自体を探している人たちがいる）を得られたことだ。

何かしらの疑問が浮かんだときに、その説明として思いつくアイデアが仮説である。もちろん、すべての推測が同程度のものとは限らない。そのため、仮説は理解しやすくて検証可能なものを考え、そのアイデアを一緒に議論しながら具体化できる同僚に「思考のパートナー」になってもらい、仮説のアイデアをブラッシュアップしたり反復したり、その影響について考察したりすることが非常に重要になる。

なぜなら、適切だと思う仮説が立案できたら、今度はそれを検証するための実験をいくつか思いつく必要があるからだ。

実験を提案し優先する

担当するプロダクトを各コンポーネントや部門に分けて考えてみると、各領域の機能やフローに関してたくさんの仮説が思い浮かぶのではないだろうか。アイデアはいくらでも出てくる。プロダクトマネージャーの仕事は、そうしたアイデアに優先順位を付けて、何から焦点を当てるべきかを決めることにある。

十分重要で優先順位の高い目標に対処する仮説を見定めたら、次の仕事は、その仮説を検証するための実験を考えることだ。これは、物事を論理立てるということでもある。たとえば、提供するメールアプリの受信トレイ画面に広告が多すぎるために、ユーザーはどの広告も無視するようになった、という仮説を立てたとしたら、それを検証するための実験としては、表示される広告の数を減らすことが考えられる。仮説が正しければ広告のエンゲージメントは増加するだろうし、間違っていれば、ほかの要因が影響している可能性が高い。

しかし、すべての仮説がそのようなわかりやすい実験で検証できるほど単純とは限らないし、実験が失敗したからといって必ずしも仮説が反証されたというわけでもない（実験が仮説を効果的に検証できない場合もあり得る）。言ってみれば、変更を

加えることによるインパクト（影響）を明らかにするために、仮説の「かなめ」に効率的かつエレガントに焦点を当てられる実験を考え出すには、アートやクリエイティビティの要素も必要なのである。

表7-1は、仮説の立証に役立ちそうな仮説と実験の組み合わせ例である。

仮説	実験
人々はサービスの価値がわからないうちは登録をためらう。	新規ユーザーには登録する前にサービスを試す機会を提供する。
プライマリボタンの「会員になる」というCTA（行動喚起）は、重大なコミットメントに聞こえる。	プライマリボタンのCTAを「はじめる」に変更する。
アプリ内メッセージの40%が回答されないままというデータがあるが、これはログアウトしたユーザーが未読のメッセージの存在に気づかないためだ。	登録の際に、ユーザーにプッシュ通知をオンにすることを勧めるステップを加え、重要なメッセージを見逃さないためであるということを説明する。
人々は、サービスの背後に誰がいるのかがわからない限り、自分の機密データを託すことを躊躇する。	ホームページ内でチームを紹介し、個々の学歴や、堅牢な個人情報保護システムの構築に関する受賞歴などを公開する。

表7-1 仮説と検証実験の組み合わせ例

また、仮説と実験は常に一対一とは限らない。仮説検証の実験アイデアは複数考えても構わないし、またそうすべきときも多々ある。それは、ひとつのアイデアの可能性を最大限効果的に検証し明らかにするための切り口を探るためかもしれない。あるいは、ひとつの実験を成功させたあと、同じように成功率の高い追加実験をすることで、すでに達成済みの最適化や成功よりも高い成果を得られるかどうかを確認するためということも考えられる。

表7-2は、先ほどの仮説を検証するための可能な方法として提案された、複数の実験案を紹介している。

こうしたプロセスを続けるうちに、多くの仮説が生まれ、それを検証するためにさらに多くの実験案が蓄積されていく。さて、そこで話は優先順位付けに戻る。

すべてを検証するのが不可能なことは、すぐにわかるだろう。考えついた案を全部リサーチするなど現実的ではない。あらゆる疑問や懸念に答えを見つけるなんてできないし、リスクを完全になくすことも然り。しかし、リスクを軽減する（専門用語で「デリスキング」とも）ことこそ、実験の主な目的の1つだ。つまり、最もリスクが高い仮定はどれか、そのリスクを軽減するために何ができるのかを特定することで、最

終的にどの実験を優先しどれを後回しにするかが決まってくる。

仮説	実験
人々はサービスの価値がわからないうちは登録をためらう。	・新規ユーザーには登録する前にサービスを試す機会を提供する。 ・そのサービスでの体験がいかに簡単で、やる価値のある体験かを示す動画をホームページに追加する。 ・サービスを支持する実在の顧客や、実際に寄せられた好意的な「声」を紹介する。 ・サービスの価値に対する「ソーシャルプルーフ（社会的証明）」として、すでにサービスを利用している有名企業のロゴを掲載する。
プライマリボタンの「会員になる」というCTA（行動喚起）は、重大なコミットメントに聞こえる。	・プライマリボタンのCTAを「はじめる」に変更する。 ・プライマリボタンのCTAを「試してみる」に変更する。 ・プライマリボタンのCTAを「参加する！」に変更する。
アプリ内メッセージの40％が回答されないのは、ログアウトしたユーザーが未読のメッセージの存在に気づかないためだ。	・登録の際に、ユーザーにプッシュ通知をオンにすることを勧めるステップを加え、重要なメッセージを見逃さないためであるということを説明する。 ・未読のメッセージがあることをユーザーにEメールで通知する。
人々は、サービスの背後に誰がいるのかがわからない限り、自分の機密データをその企業に託すことを躊躇する。	・ホームページでチームを紹介し、個々の学歴や、堅牢な個人情報保護システムの構築に関する受賞歴などを公開する。 ・誠実で信頼の置けるサービスであることを証明するために、データセキュリティに関するホワイトペーパーを公開する。 ・サービスの説明をする際に、データは「転送中」、「保管中」ともに暗号化していることを強調する。

表 7 - 2 各仮説に対する 2 つ以上の実験案

たとえば、より多くの人の目を引くようにボタンの色を微調整するくらいは、何の検証もせず実行しても問題ないだろう。なぜなら、ボタンの色が理想的なものでなかったとしても、考えられるリスクはそれほど大きくないし、間違った場合のダウンサイドリスクも、何かを大幅に変えてしまうほどの影響はおそらくないからだ。

しかし、たとえば、緊張感を伴う重要な目標をいくつか達成しなくてはならないと

しよう（実際、PMは常にそうなのだが）。一例を言うと、会員登録者数を増やし無料サービスのリテンションを向上させることで成長を促進する必要がある一方で、衝動買いをする人からの大きな収益源も維持し、できれば拡大させたいとする。このシナリオでは、会員登録すると無料サービスを受けられるというオプションをより魅力的で目立つものにすることのほうが、衝動買いを誘うCTAを追加するよりも簡単かもしれない。その一方で、それによって重要な収益源を損なうリスクもある。この場合、急いで変更を行うのはリスクが高すぎると感じられるので、トラフィックの小規模なサブセットに対して実験を行うことは、次の四半期の収益を長期的な成長に賭ける前にこのトレードオフについて研究するための良い機会にもなる。

　実験の優先順位付けを複雑にするもう1つの要因には、プロダクトの同一の領域やフローで同時に複数の実験を実施すると、結果が不鮮明になり解釈しにくくなる点が挙げられる。言い換えれば、矛盾や相反が起きない限りは、能力的に追跡や対処ができる範囲内なら同時に複数の実験を行うことは可能だ。

NOTE　**Netflixから学ぶ**

大規模なABテストを実施する方法について詳しく知りたいなら、Netflixのテクニカルブログの投稿「It's All A/Bout Testing: The Netflix Experimentation Platform」が参考になる。

　重要なのは、仮説と実験案のバックログを管理することと、今後のテストの優先順位付けと進行中のテストの追跡を定期的に行うこと、その両方である。完了した実験からは、そのスコアの勝ち負けに関係なく、仮説の妥当性（もしくは、少なくとも実験の有効性）についての何らかの洞察を得られるはずだ。その洞察は時間が経つにつれて蓄積され、おそらくはUXチームやデータチームと共有されるリポジトリや追跡ツールの中に、残りの調査結果とともに保管されることになる。

　どのツールを使用するにしても（私は図7-2で示すようにAirtableのテンプレートを使うのが好きだ）、実験候補のランク付けをして次のスプリントで優先させるものを選ぶための、合意済み評価基準を設ける必要がある。その際に考慮したい要素には、次のようなものがある。

– 実験に使用可能なリーチ数（検証する領域へのトラフィック量）。

- 実験が成功した場合に可能性として考えられる影響（若干主観的になるが、追跡中の指標の10%増を目指すのか、50%か、2倍か、5倍かなど）。
- 実験を完了するのに必要なエンジニアリングやそのほかのスタッフの労力。
- 仮説の妥当性に対する自信と、それを裏付ける根拠。

　図7-2は、実験の優先順位付け、追跡、スコアリングに使用したAirtableのテンプレートである。このテンプレートは、プロダクトとグロースのエキスパートであるジェシー・アヴシャロモフが最初に作成して提供してくれたもので、これまでにさまざまなプロジェクトやクライアントに合わせてその都度調整されている（Airtableは、流れるようなユーザーエクスペリエンスを得られるリレーショナルデータベースツールで、複雑で変化の多いシステムをまとめ上げて追跡することに関して非常に柔軟性に優れていて便利だと、一部のプロダクトマネージャーから評判がいい）。
　Airtableは、潜在的な影響、労力、仮説の信頼性、そのほかのいくつかの観

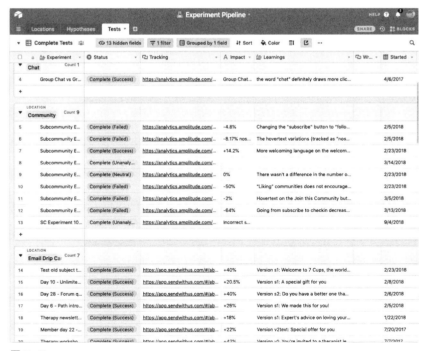

図 7 - 2
数百件の実験の実施前、実施中、実施後の経過を追跡することができる実験パイプラインの一例。

点から、実験のスコアリングに役立つツールだ（次にやることを決めた時点でスコアを消すこともできるが、毎回のスコアは優先順位付けの検討材料として広範囲に役立てることができる）。

ＡＢテストの実施方法

すべての実験がＡＢテストの形式で行われるというわけではないが、ＡＢテストは非常に有力なツールとしてよく使われている。この種のテストは、基本のフォーマットが変わることはあまりない一方で、テストの管理方法や実施方法については執り行うチームや企業によって異なる。Optimizely のような JavaScript ベースのサードパーティツールを使うチームもあれば、Google アナリティクス、Amplitude、Mixpanel、Applytics などの分析パッケージに組み込まれたツールを利用しているチームもある。また、独自の検証テストをコード内に一から構築するチームもまだいる（これは、クリーンアップが適切に行われないと、後々問題が起きる可能性がある）。

バケットテスト（スプリットテスト、多変量テスト、ＡＢテストとも呼ばれる）を実施する際には、次のような要素を考慮する必要がある。

- スケジュール設定
- 統計的有意性
- インパクト
- 学習
- 積み重ね

スケジュール設定

ビルドやフィックスを含むどの開発作業とも同様に、優先順位を付けたテストの実行は、バックログにあるほかの項目と比較検討した上で、スプリントに優先的に組み込む必要がある。通常は、テストは1つのスプリントよりも長い期間を必要とするため、テストの開始、テストが適切に実行されバグが発生していないことの確認、テストの終了、そのどれもが個々に追跡する必要がある個別のタスクである。

各テストの期間がさまざまなのは、統計的に有意なサンプル数を集めない限り意味のある結果が得られないためだ。テストしている領域のトラフィックの量にもよるが、「それぞれ」のバケット（検証グループ）に十分な人数が集まるまでに、1日から数週

間かかる。

統計的有意性

　では、統計的有意性が達成されたというのは、どうすればわかるのだろう？　それを判断するための数学的モデルがあり、今はABテストを補助するソフトウェアツール（Amplitudeなど）に、統計的有意性に加えて結果の正確性を測定する機能も含まれるようになった。広く言われている鉄則として、信頼できる結果を得るためには各バケットに少なくとも2,000人が必要である。

　この結果を検証する方法の１つがAAテストを実施することというのも、ある意味興味深い。基本的には、ABテストを設定してどちらかのバケットに新しいユーザーを振り分けるのだが、AAテストでは各バケット内の被験者にはまったく同じ体験を提供する。テストを開始してデータが集まり始めると、同一内容であるにもかかわらず、早い段階でBのグループのパフォーマンスがAよりもはるかに良い、あるいはAのほうがBよりも良い、というのが見えてくるが、そのうち……いや待てよ……結果がまた変わったぞ、というふうになる。コインを4、5回続けて投げたら毎回表が出たということがあるように、相当数投げれば表と裏が出る回数はほぼ同じになる（トム・ストッパードの劇中でない限り［訳註：劇作家ストッパードの戯曲『ローゼンクランツとギルデンスターンは死んだ』で、主人公の２人がコインを投げて賭けをしていると表が100回以上も続くというシーンがある]）。

　テストをする際には、２つのグループの結果が同等の水準に近づき、そこから均等な状態が保たれ始めるポイントに注目してほしい。この安定化が起きるのが、各グループのサンプルが2,000人分ほど集まった頃なのである。

　またABテストを始める前には、いつ終了するかを決めておくことが非常に重要だ。でなければ、自分が期待する結果が出た時点でテストを終了して「いいとこ取り」をしかねない——つまり、自説に都合の良い結果だけを選び取ってしまいかねないということだ。同様に、延長戦に持ち込めば負けが取り返せるのではと期待して「もう少し試してみよう」などとは思わず、有意性に達した時点で終了させるべきである。

インパクト

　テストが終了すると、今度はそのインパクトが見えてくる。果たして、違うバケットのほうがより多くの人に期待した行動をとらせることができただろうか？　どちらも同

じ結果だっただろうか？　それとも、テストは結果を落ち込ませてしまっただろうか？どんな結果も新しい情報であるし歓迎すべきものだが、やはり勝つに越したことはない！　いずれにしても、これらの結果を追跡して記録する必要がある。

　ＡＢテストで一番危険なのが、「局所的な最大値に磨きをかける」ことだ。これは、もっと価値のある「可能性」がほかにあることに気づかずに、何かを極限まで最適化することを意味している（図7-3）。

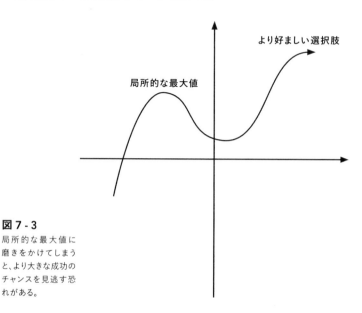

図 7 - 3
局所的な最大値に
磨きをかけてしまう
と、より大きな成功の
チャンスを見逃す恐
れがある。

学 習

　ＡＢテストでは、達成できた目標指数の数値的なインパクトを追跡するだけでなく、結果が示す意味を定性的に評価することも大切である。テストの結果は、テストの妥当性を部分的にしか証明しなかったか？　それとも全面的に証明したか？　また、仮説（またはテスト自体）の欠陥を明らかにし、さらなる仮説や追加のテストを提案しているだろうか？

　こうした学びは、プロダクトマネージャーにとって知的な武器の１つであり、経験とともにそれを確立していくことは、現在実施しているテストに「勝利」するよりもずっと重要なことだ。

積み重ね

　確かに、狙った結果を出せなかったテストからでさえ、学ぶことはある。事実、人は成功よりも失敗からのほうが学ぶことは多いと考える人もいる（ただしこれは、成功したらそれで良しとし、失敗したときほどは徹底的した検証や振り返りをしない人にのみ当てはまると、私は思う）。

　それでも、やっぱり勝つほうがいい！

　勝敗が決まったら、そこでテストを終了してその勝ちパターンを「固定」する。これで、検証によって発見できた改善の恩恵を、"ユーザーの2分の1"や"新規ユーザーの10％の2分の1"だけでなく、全ユーザーが得られるようになる。

　それが完了したら、次は最初の勝利の上にさらに勝ちを重ねられるかどうかの検討を始める。先のテストは、十分に攻めたものだっただろうか？　ほかの指標に影響することを恐れて無難なものになっていなかっただろうか？　追加のテストではワンランク上の成果を狙えるのではないか？　成功済みのテストには簡単に試せるバリエーションがないとしたら、次に優先順位の高い実験は？　そう、どれかを試してみるといい！　状況によっては、成功済みの実験を何度か繰り返すことで、20％だった増加率を100％に高めたり、5倍向上したものを10倍にしたりもできるだろう。

　負けから教わるものも確かにある。しかし、固定された勝利はいつまでも残るものだ。

ＡＢテストの問題点

　ＡＢテストは、プロダクト担当者にとって非常に魅力的なツールだ。説明するのも理解するのもそれほど難しくない。しかし、誤解を招くような結果が出る可能性もあり、実施者に実験の成果に対する誤った自信を与えかねない。

　局所的最大値に磨きをかけることのリスクについてはすでに説明したが、それ以外にも、この種のテストを意思決定の判断材料として信頼することには、思わぬ危険が潜んでいるので注意したい。

　その多くは、主に次の2つのテーマに集約される。

- 外部要因がテストに影響したかどうか、また、違う状況下で同じテストを再度実施した場合に同じ結果を得られるかどうかを確実に知る方法はない。
- ＡＢテストだけでは、何が起きているかはわかっても、なぜ起きているのかはわからない。

1つ目の問題は、過剰な解釈に関係している。統計的に有意なテストは、ある意味、その周辺にある推測を覆い隠してしまうことがある（少なくとも、単に「方向性」のシグナルがあるだけの場合は、テストの信憑性を疑い、パターンを検証し、表面化した行動の理由として考えられることを調べずにはいられなくなるはずだ）。

　2つ目の問題は、主観的で定性的な解釈を、検証なしにデータに投影してしまうことにつながる。顧客満足度や顧客推奨度（NPS）、ユーザーからのフィードバック、評価や口コミ、顧客対応へのクレーム件数など、ほかの多くの指標シグナルを利用する一方で、本当にやるべきは、リサーチやユーザーインタビューを行い、何が起きているかだけでなく、なぜそうなったのかを深く理解することである。

UX／プロダクトマネジメントの現場から

企業のコンテクストではABテストを実施できないことが多いのはなぜか

　ABテストのもう1つの問題は、量販型DtoCプロダクト以外には、必ずしも適していると言えないところだ。BtoB企業のPMの1日を紹介してくれたクレメント・カオが説明するように、ほとんどのビジネス向けプロダクトのユーザー基盤は、統計的有意性を得られるだけのトラフィックを捻出するには規模が小さすぎる。加えて、顧客は匿名のデータポイントではなく、特定の企業や大口顧客のカスタマーサクセス・リレーションに関わる人々である。このような顧客に対して、半数にはこのインターフェースを、残り半数には別のインターフェースを見せて「実験」するなどということは、とうてい考えられない。

　カオは「BtoBでABテストを行えないのは、それをすれば、誰かがそのプロダクトを使って自分のビジネスを立ち上げてしまうから」と言う。「一方のユーザーグループにAのワークフローを、もう一方のユーザーグループにBのワークフローを使うよう訓練するなどということは、絶対にできっこない。同様に、特定の顧客に狙いを定めておきながら無作為に"企業ユーザー"を募集したところで、役立つ結果は得られません」

検証実験はABテストだけにあらず

プロダクトマネージャーは、実験イコールABテストと考える悪い癖がある（どのUXリサーチもユーザビリティテストだと思う人がいるのと同じように）。実験は、プロダクトに関する作業のあらゆるレベルに盛り込まれていることを忘れてはならない。では具体的に、誰もが愛するABテスト以外には、どのような実験があるだろうか？

- ABテストのバリエーション
- コンシェルジュ
- オズの魔法使い
- プレトタイプ
- スモークスクリーン
- フェイクドア需要テスト
- 割れたガラス（別名ハードテスト）

- ドッグフーディング
- 段階的ロールアウト
- ベータプログラム
- ホールドオーバー
- 販売実験
- プロセス実験

イタマール・ギラッドの「Testing Product Ideas Handbook」に、これらの検証メソッドをわかりやすく整理した図式（図7-4）が紹介されている（ハンドブックへのア

Chapter 7 ── 実験を通して仮説を検証する

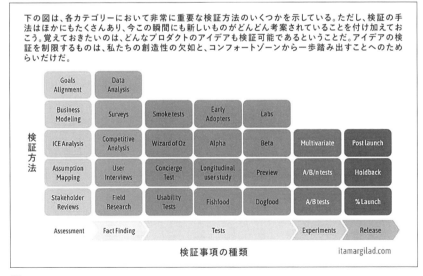

図7-4
実験、テスト、検証のさまざまな方法をわかりやすく視覚化したダイアグラム。

クセスにはニュースレターの無料登録が必要）。このダイアグラムでは、「実験」をほかの
アイデア検証の形態と区別しているが、「テスト」と記されているもののほとんどは、
この章で意味するところの実験と同じである。

ＡＢテストのバリエーション

　ＡＢテストではやれることに限界があるため、ＡＢＣテストや多変量テストなど、ＡＢ
テストに似た実験がほかにもあることを知っておく必要がある。ＡＢテストでは、通
常Ａがコントロール（既存の経験）で、それに対してテストされるＢがバリアントであ
る。ＡＢＣテストの場合は、トラフィックを同じサイズの３つのバケットに分け、コント
ロール（Ａ）をほかの２つのバリアント（Ｂ、Ｃ）と比較する。

　これが、多変量テストではさらに複雑になる。このテストは、一度に複数のこと
を検証したいときに有効である。簡単な例として、ボタンの色や形やテキストにつ
いて考えてみたい。多変量テストでは、ユーザーをいくつかのバケットに振り分けて
いく。たとえば、あるユーザーは「参加する！」と書かれた角の丸い赤いボタンで、
別のユーザーは「今日から始める」という、同様に角は丸いが緑のボタン……、
というように。統計的には、サブタブ（可能な組み合わせのすべて）のそれぞれが有
意な数字を得るには、より多くのトラフィックが必要であり、結果の解釈が困難でや
やこしくなる傾向が強い。

　一度にたくさんのＡＢテストを実施しているチームが、それらが無秩序な多変量テ
ストになっていることに気づかないケースは多々ある。

コンシェルジュ

　コンシェルジュ型実験とは、提供するサービスをソフトウェアのアルゴリズムではな
く、中にいる人間の手によって（実習生の場合もある）処理する方法である。

> **NOTE** 「コンシェルジュ」という言葉の２つの意味
>
> "コンシェルジュ"と聞いて、プロダクトのオプションを見つけてトリガーの手助け
> をするチャットボットのような「コンシェルジュ機能」と混同しないように。

　その人物が表に出ている場合もあれば隠されている場合もあるが、コンシェル
ジュ型テストのポイントは、顧客が何に価値を感じるのか、そしてどのプロセス、
ワークフロー、言語、選択肢が最も効果的かを知ることにある。それが判明すれ

ば、実際のシステムの開発を進めてサービス提供のワークフローから人力を排除でき、手動のプロセスよりもたくさんの顧客を扱えるように機能を拡張できる。

　また、生身の人間によるサービスであることを前面に出せば、トム・カーウィンの言うように「リアルタイムで人と話し、問題を解決することで、途方もない量の実世界のデータと経験が得られる」。

　ちなみに、コンシェルジュとよく似た概念で、用語としては使われなくなりつつあるものに"メカニカル・ターク（機械仕掛けのトルコ人）"というのがある（Amazonが提供するクラウドソーシングのギグワーク・サービスと混同しないように）。これは、見かけは機械人形だが実は人が隠れて操作をしていたという、18世紀の"いかさま"チェス人形に由来するものだ。

オズの魔法使い

　オズの魔法使い型テストはコンシェルジュ型とほぼ同じコンセプトだが、完成版のようなユーザーインターフェースを提供する一方で、中の人間がエンドユーザーのために入力やタスクを実行していることを隠して行う検証方法である。

UX／プロダクトマネジメントの現場から

カーテンの影の男

トム・カーウィン：「昨年の夏、少人数のチームでオズの魔法使い型MVPを制作したのですが、あれは素晴らしい経験でした。チームを結成し、いくらかの価値を提供し実際に顧客を獲得するところまで、たったの8日間で成し遂げたのですから。そのあとは、週ごとにイテレーションを行いました。最初の送り出しには、チーム全員が手作業で取り組み、3日かかりました。エンジニアが毎週のように厄介な不具合を修正して、約8週間後にはプロセス全体を15分に短縮することができました」

　Aardvarkというスタートアップは、自社の「ソーシャル検索」の価値提案を検証するためにこのアプローチを使用していた。安価な労働力を使って、自動生成された応答用文字列を実験し、質問に答えられそうな人をネットワークの中から手作業で探し出していたのだ。インターン（研修生）がボットを装い、検索する人と回答してくれそうな人の両方にメッセージを送るのである（同社は2年のうちにGoogleに売却

された）。

　Amazonも、「People also liked（こんな商品も人気です）」というお勧め機能を開発した当初、オズの魔法使い型アプローチを使ったといわれている。膨大なデータとアルゴリズム開発に投資する価値があると判断できるだけの収益と認知度を得られることを証明するために、初めは手動で行っていた。Zapposの場合、このMVP方式でビジネスの全体を立ち上げた。

プレトタイプ

　"プレトタイプ"とは、アルベルト・サヴォイアが考え出した造語で（彼の講演動画「Build the Right」[1]）、プロダクトやサービスやビジネスのコンセプトの即時的なローファイバージョンであり、実際のデータに基づく検証を行うのには十分完成しているものをいう。プロトタイプが「それを作ることができるか」という問いに答えるものであるのに対し、プレトタイプで検証するのは「それを作るべきか」どうかである。

スモークスクリーン

　「スモークテスト」とは異なることに注意してほしい（スモークテストは、もとは機械の電源を入れた際に発煙の有無を調べるテストに由来し、何も壊れていないことを確認するために基本的な機能に対して行う）。スモークスクリーンは、まだ存在しないプロダクトを宣伝して、需要のレベルを測る検証アプローチである。

　「iPadで使えるWord」には鬱積した需要があると証明するために、ソリューションが用意されていますと謳う広告を打ったジェイ・ザヴェリの話を覚えているだろうか。このプロモーションがもたらした登録者数は、スモークスクリーンテストが成功した証である。

フェイクドア

　フェイクドアはスモークスクリーンに似ているが、ランディングページや登録フォームの形で提示するのではなく、プロダクトのインターフェースに実機能として設置する需要テストだ。顧客がその機能を使おうとすると、代わりにこれから追加される機能のプロモーション画面が表示され、興味を持った人の反応を収集する方法としても活用されている（新機能の提供開始通知を受け取るための登録を促すなど）。

---

[1] http://www.youtube.com/watch?v=3sUozPcH4fY

この架空の機能へのトラフィックを観察すれば、人々の関心の度合いを測ることができる。この種のテストをすることのリスクは、ユーザーを苛立たせる可能性がある点だ。

割れたガラス

割れたガラス型テスト、またはハードテストは、PMF評価を意図的に操作したバージョンに類似するが、提供する機能のアクセスや利用をわざと難しくするというものだ。そうすることにより、その機能に対する需要が、その先の開発に投資しても問題ないほど揺るぎないかを判断することができる。

ドッグフーディング

ドッグフーディング、「自社のドッグフードを食べる」とも表現されるが、つまり顧客に向けてロールアウトする前に自社の社員を使って機能テストをすることをいう。Googleがこの手法でGmailを展開して大成功し、Google＋では大失敗したのは有名な話だ。社内の人間が顧客の代理として常に最適任とは限らないが、ドッグフーディングの本当の利点の1つは、ユーザビリティの問題やそのほかの不具合が仕事の遂行を妨げている場合に、それらに否応なく気づかされるというところだ。

段階的ロールアウト

かなりの規模のユーザー基盤を持つ既存プロダクトに大幅な変更を計画する場合、ロールアウトを段階的に行うことで、その変更の受け入れや採用度を評価することができ、リサーチやデザインやユーザビリティテストでは表面化しにくい問題のトラブルシューティングが可能になる。

一般的なアプローチは、最初にユーザー基盤の10％にだけ新機能を展開し、反応を注意深くモニタリングするというものだ。問題が発生した場合には、ロールバックして修正する。何も問題なければ、次はユーザーの20％にその機能を提供するというように、このプロセスを繰り返していく。十分受け入れられると感じた時点でロールアウトを50％まで増やし、最終的には全ユーザーに解放する。

ベータプログラム

ベータプログラムは、完全にはできあがっていないものをテストしてくれるコアで献身的なユーザーグループに、まだ精度が不確かな新機能を試してもらうもう1つ

の方法である。検証が済めばベータ版ユーザー以外の人にもロールアウトされ、ベータ版ユーザーはさらに新しい機能のアイデアを試すことができる。

ホールドオーバー

　ホールドオーバーテストでは、プロダクトを新機能や変更に合わせて更新していくものだが、特定の小規模ユーザーグループに対しては旧来の状態のまま使用してもらい、変更の影響を長期にわたり追跡する。Second Wave Dive の創業者であるライアン・ラムゼイは、「ホールドオーバーは、長期的なパフォーマンスを検証するのに効果的です。最初のテスト結果と時間が経過してからの結果が同じだと思い込んでいるチームは多いのではないでしょうか。多くの機能は、リリース直後は目新しいので使われますが、90日経つと使われなくなってくることがわかっています」と話していた。

販売実験

　プロダクトの機能群やユーザーエクスペリエンス以外でも、販売やマーケティングなど、バリューチェーン（価値連鎖）のほかの側面に実験を行うことが可能だ。そうした実験の一例として、"ピッチ・プロヴォケーション"と呼ばれるものがある。これは、2つ以上の挑発的なピッチを試し、どれがソリューションとして最適かを判断するというものだ。ピッチ・プロヴォケーションは、「あなたは大きな問題を抱えている。私たちは、それを解決する手助けができる」というフォーマットで始まる。

　トム・カーウィンは、次のように言う。「この手法は、想像しうる価値提案や問題を理解するのに役立ちます。まず、極端で間違っている可能性が高いピッチをいくつか考えて、見込み客や実験の参加者にリアクションしてもらいます。それらのピッチをどう解釈したかを話してもらうのです。そうして得たデータをトライアンギュレーション（訳註：複数のデータソースや検証手法を用いること）して、実験の妥当性を高めていくのです」

プロセス実験

　アジャイルであるということは、チームがどう機能しているかを常に評価し改善の方法を模索することを意味する。プロセスの問題を周りからの情報で気づき、それから解決策を探すのもいいが、何が最も効果的かを判断するためにプロセスのバリエーションをいくつか試してみることも大切だ。

ラムゼイが言ったように、「ストーリーテリングの構造を変えたら、意思決定や進行スピードはどうなるのだろう?」と自分に問いかけ、その変更が及ぼす影響を実験で確認してみるといい。

もしあなたが、実験をPMの生き方として受け入れる準備ができたなら、そのレンズを通してすべてを見るように心がけてはどうか。

スタートアップPMの1日　ニコラス・デュラン(総合的な福利厚生代行業　Suvaun)

── あなたが働く組織は、どのくらいの成熟度(設立してどのくらい)ですか?

4年目のスタートアップです。

── あなたがプロダクトマネジメントを実践している環境はどのようなものか、教えてください。

当社は、近年設立したばかりの若い会社で、数十億ドル規模の業界を相手にテクノロジープラットフォームを成長させ、変化を好まない"囚われのオーディエンス"(変動しない支持)の規模を拡大しています。

── 朝の早い時間は何をしていますか?

いつも、その日とその週のToDoリストを確認して、項目の更新や整理をします。緊急性の高いものから着手して、次にミーティング、プランニングのアップデート、仕様書などの作成に移ります。

── 仕事の日は、1日をどのようにスタートしますか?

午前中は、家族とのルーティンを済ませてコーヒーを飲み、それからまたコーヒーを飲んで(ネットニュースやフィードにざっと目を通して、知っておくべき業界の情報をチェックしたりもします)、新しいタスクやカレンダーの招待、アラームのモニタリングが追加されていないか、システムを確認します。そのあと、チームとの朝会を元気よく行います。それが終われば、いよいよ本戦の始まりです。

── 午前中の残りの時間はどう過ごしますか?

障害物の撤去と交通整理(つまり問題への対処と関係者内外とのコミュニケーション)です。

── 午前中の仕事終わりには何をしますか?

ひたすらいつものルーティンです。お腹が空いて時計の針がぼやけて見えるようになったら、ランチを食べに行くかどうかを決めます。

—— 昼休憩はいつ取るのですか？

　大体12時くらいですけど、11時から3時のあいだのどこかで取ります。10
　〜15分くらいは外へ出て日の光を浴びるようにしています。

—— 午後は、最初に何をしますか？

　メールをチェックしながら、ふくれたお腹が落ち着くのを待ちます。

—— 緊急事態や予定にない仕事が発生したときには、どう対処していますか？

　慎重に対応します！　優先事項を確認し、リスクを見積もって、それに応じ
　て計画を立てます。問題の深刻さにもよりますね。

—— 午後の大半は何をしていますか？

　ミーティング、ユースケースの検証、それからオペレーショナルエクセレン
　スの改善です。

—— その日の仕事の締めくくりには何をしますか？

　コーヒーをおかわりして、次の日のためにメモやリストを更新します。それ
　からネットのフィードやアップデートをチェックして、LinkedIn をチェックして、
　今日も素晴らしい1日になったことをチームに感謝します。

—— 夜も仕事をしますか？

　必要なときはしますよ。

この章のまとめ

- プロダクトマネージャーにとって、実験は生活の一部である。

- 構築、修正、最適化という開発の側面は、すべて実験可能である。

- 結果の改善や問題解決の方法について、検証可能な仮説を立てる。

- 各仮説に対して、思いつく限りの実験案を出す。

- 仮説と実験の両方に厳密な優先順位を付ける。

- 最もハイリスクな"賭け"を「デリスキング」するために実験を利用する。

- どの実験もABテストで行おうとしない。

- テスト結果が統計的有意性を得ていることを確認する。

- あまり重要ではない改善に集中しすぎないように注意する。

- 勝ちを積み重ねる!

- 機能のバリエーションだけでなく、幅広く実験する。

Chapter

8

お金を得る

デザイナーは、話がお金の方へ向くと（予算の制約や収益の必要性の話や、人を「お金を払ってくれる客」として扱うような話などは特に）、誰もがみんな居心地が悪くなるとは言わないまでも、UXデザイナーの多くは、ほかの誰か（お堅い経理担当）がお金という「汚れ物」に夢中になってくれて、自分は金勘定の場から遠く離れた快適な場所に身を置きたいと思っているはずだ。やったとしても、せいぜいショッピングカートや支払いの流れや、クレジットカードの入力フォームをデザインするところで、それ以上は「そっちサイド」に近づきたくないと思っている。なぜなら、そういったタスクは彼らの創造性を掻き立てるものではないからだ。

　ただし、これは私個人の見解というべきだろう。B・ペイグルス＝マイナーは、私のこのステレオタイプ的な見方に反論して「私はその考えには同意しかねます。私が一緒に仕事をしているUXデザイナーの多くは、大半のプロダクトマネージャーと同じように収益化の方法に精通しているし、常に気を配っています」と述べている。

　おそらく、それは本当なのだろう。私は自分の経験の狭さや根強い固定観念をアップデートする必要があるようだ。だから、あなたがUXデザインやプロダクト開発の一要素としてお金の話をすることに苦手意識を持つかどうかは、あなた次第である。

　何にせよ、どの経済分野に携わっていても、お金は私たちの経済の潤滑油だ。もちろん、人の努力や取り組みの大部分は金銭的な取引や売り買いを目的としないものだが、政府であれ非営利団体であれ、どんな種類の組織も資金を必要とし、お金を使い、何らかの方法で財政的に余裕のある状態を維持していかなくてはならない。

　プロダクトマネージャーとしては、いや、プロダクトデザイナーですら、お金のことには敏感であるべきだ。デザインチームは、コストセンターの金食い虫とみなされることが多い。UXは、リサーチやモデリング、イテレーション、プロトタイピングやテストにかかるコストを正当化できるだけの十分な投資対効果（ROI）を出していると十数年かけて主張してきた。UXは常に、コストと利益のせめぎ合いの中にいる。プロダクトの視点からすると、何が起きているのか、何を作っているのか、どうやって成功するのかという大きなモデルの中に、この財政的な側面を組み込んでいるだけである。

利益と損失

　企業の経営幹部のあいだでは、財務の追跡、モデリング、予測といったことが常に行われている。また、損益（P/L）の責任は、部署のトップやゼネラルマネージャーに集中する傾向にある。プロダクト部門の責任者もP/Lの管理を任されるかもしれないが、ほとんどのプロダクトマネージャーはそれがない。彼らは、（よくても）自分が担当するプロダクト以外では、採用予算や資金配分に関する決定権を持たない場合が多い。PMが損益状況をコントロールすることはめったにないが、コントロールされることは多々あるので、注意が必要である。

　PMは文脈やプロダクトのライフサイクルによっては、ビジネスモデリングを行い、売上原価を算出し、収益目標を定め、適切な価格水準を特定することもある。その文脈とはビジネスかもしれない。もしそうなら、消費者について話しているのか、それとも企業なのか？　その文脈がビジネスでないなら、そのサービスにお金を払うのは誰か、その資金はどこから来るのか、そして競合する可能性のあるほかの要素は何だろう？

　そのプロダクトがライフサイクルのどのステージにあるかによって、予測される財務状況は違ってくる。一般的には、研究開発とローンチに向けた投資の期間があり、その間は収益や収入がまったくないままコストだけが発生する。しばらくすると、収益からコストを差し引いてもサービスの対価を得られるようにする（利益と損失がイコールになる）方法を考え出す時期がやってくる。

　そのフェーズを超えて成功したプロダクトは、収益と生産・提供コストを照らし合わせた際に、支出を上回る利益を期待することができる。プロダクトによっては、収益が安定し最適化されてはいるものの、それ以上の成長がみられず再び最盛期を迎える兆しもない、停滞期やメンテナンス期が長く続く場合もある。プロダクトがライフサイクルの終盤に差し掛かり、利益も出ず将来性がないと判断されたら、PMは長年の利用客に対する法的義務を果たし、プロダクトを市場から撤退させる計画を発表し、帳簿上のマイナスを極力減らすことを考えながら、最終的にはサービスの提供を終了させる必要がある。

収益モデル

すべてのプロダクトに値札が直接貼られているわけではない。BtoBで企業向け

ソフトウェアを開発する場合、顧客はそのソフトウェアパッケージ全体に対して複数のサブスクリプションを支払う可能性がある。あなたが担当するプロダクトは、個人ユーザーがアクセス可能かどうかにかかわらず、そのパッケージの一部として提供されるものかもしれない。ここで、SaaS（サービスとしてのソフトウェア）プロダクトの登場だ。SaaSは、ソフトウェアを企業全体にホスト型ターンキーサービスとして提供するもので、シート（ユーザーライセンス）ごとに料金が発生する。

SaaSプロダクトは、動画配信サービスなどが視聴番組ごとに課金する代わりに月額利用料を請求するのと同じで、定額料金制である。番組制作には当然費用がかかるわけで、NextflixもAmazon Primeも、どの番組が（どのくらいの時間）視聴されていて、それが視聴者の購読継続の決定にどれほど影響を与えているかを注意深く観察している。

つまり、たとえ販売時点でのトランザクションがなかったとしても、個々のプロダクトには測定可能なビジネスモデルがあり、担当PMは成功指数を定義する際にその点を考慮する必要がある（それらの指数が特定されたら、第6章「プロダクトアナリティクス：成長、エンゲージメント、リテンション」で紹介した成長のためのプラクティスを実践して指数の最適化を試みる）。

プロダクトの収益モデルの可能性を探求するにはビジネススクールに戻る必要があるかもしれないが、プロダクトで収益を出す方法として特に一般的なものに、次のようなものがある。

- ベータテスト期間中は無料。期間終了後に正規料金を全額課金。
- トライアル期間中は無料。期間終了後に解約されなければ全額課金。
- トライアル期間中は無料。期間終了後に解約されなければサブスクリプション（定期購読／購入）料金を課金。
- サブスクリプション料金を課金（トライアル期間無し）。
- アプリ内課金をすると無料プロダクトを進呈。
- 有料のプロ版にアップグレードすると無料プロダクトを進呈。
- 「フリーミアム」型ペイウォール（課金の障壁）を設け、サービスを段階的にアンロックする。
- シート数で課金する企業ライセンス。
- 使用量で課金する企業ライセンス。

どの料金体系が最も適しているかは、潜在顧客のニーズ、使用目的、制約によっても異なる。

収益モデルも実験可能な領域ではあるが、ビジネスと自分の生活の両方を自らの決断に賭けることにもなりかねない。したがって、実験については慎重に考え、事前のリサーチをしっかり行ってデータやそのほかの兆候を注意深く観察することが大切だ。また、気に入ったアイデアに固執するよりも、成果の出ないモデルには見切りをつけて方向転換できるようにしておくのが望ましい。

たとえ適切なモデルが見つかったとしても、最適な価格帯は何か、ペイウォールに追加するサービスは何が好ましいか、サブスクリプション料金はいくらに設定するのがベストかなどを判断するために調整を続ける必要がある。

損益分岐点

プロダクト（またはビジネス）を損益分岐点に到達させられたなら、それは非常に大きなことを成し遂げたと言っていい。損益分岐点を達成するまでは、そのプロダクトは成功したとは言えないだろう。

もちろん、永遠に続くものなんてない。絶大な影響力があり価値も高いと認められたプロダクトの中には、損益分岐点どころか一度も利益を出さずに消えていったものもある。それでも、お金がこの物質社会の活力源だというのなら、利益が損失を上回る地点に辿り着いたとしても、長い目で見れば、市場競争に乗るための初期資金、ポーカーでいうところのアンティを確保したにすぎない。次に打つ一手が、本当の挑戦となる。

私は4年間、7 Cupsのプロダクトチームを率いていた。7 Cupsは、Yコンビネーターのインキュベータープログラムを卒業したスタートアップである。このインキュベータープログラムで私たちは、成長指数に対して冷酷なほど正直になり、成長が見られない指標から逃げずに向き合うことを叩き込まれた。7 Cupsの核心的理念は、

地球上の誰もが、インターネットを通じて匿名の誰かから、非公開かつ安全なテキストチャットという形で、心の支えを得られるようにすることだった。このサービスにはそれ以上に価値があったのだが、基本的な価値提案は生身の人間によるオンデマンドの無料カウンセリングだった。

UX／プロダクトマネジメントの現場から

ロスリーダー戦略で収益を先送りにして市場の主導権を握る

　Netflixのプロダクトマネージャーを務めるB・ペイグルス＝マイナーは、損益分岐点を成功指標とするこの構図に異を唱え、私が物事を少し単純に考えすぎていると指摘した。「私は賛同しません。Amazonは何年も利益を出していませんでした。Netflixもそうです。でもそれが計画のうちであることは、よく知られていました。成功の指標として損益分岐点を掲げるのは、現代のハイテク企業のあいだではかなり非論理的だと思います。それよりも、プロダクト（ないしサービス）を市場に浸透させることを目標にするべきでしょう」

　なるほど、いいポイントを突いている！　もちろん、利益を出せるようになるずっと以前にすでに市場獲得競争に勝利した企業はほかにもたくさんある。市場シェアで上位に立つプロダクトの中には、いまだに利益が出ていないものもある！

　そんなわけで、これを1つの具体的な道筋のケーススタディと捉えて、ペイグルス＝マイナーと同様の考え方や行動が「損益分岐点」以外にも別の成功目標をどのように達成できるかを観察してみるといい。

　私がプロダクト担当VPとして加わったとき、7 CupsはすでにPMFを達成していた。ローンチ後最初の機能改善やデザイン改良が一通り行われアップデートされていた割には、サイトのユーザーインターフェースは正直言って、お世辞にも素晴らしいとは言えなかった。価値提案は明確さに欠け、初利用時の体験やナビゲーションは迷路のように複雑だったのだ。

　にもかかわらず、人々は「ガラスの上を這いながら」7 Cupsでのメンタルサポートを求め（そしてサポートを提供する側にもなりたがり）、その数はうなぎ上りに増えていった。7 Cupsは明らかに、生身の人間とのやり取りやつながりを求める人々の根深いニーズを掘り当てたのだった（図8-1参照）。

図 8 - 1
上図のコピーは「いじめに苦しんでいたメイジーは、7 cups.comを利用して救われました」。TVドラマシリーズ『ゲーム・オブ・スローンズ』の俳優メイジー・ウィリアムズは、若きスターとして人気を得て以来ネットいじめを経験するようになり、7 Cupsで匿名の精神的サポートを見つけたことをBBCのいじめ撲滅キャンペーンで公表した。

　7 Cups の使命の中核はサービスの無料提供を維持するというもので、成長は続いていたものの、その拡大率は鈍化しつつあった。これは、ベンチャーキャピタリストたちにとって好ましい状況ではない（彼らは何事もはっきり分類したがるので、ビジネスが行動医療分野のスタートアップなのか、デジタルセラピューティクス（DTx）なのか、ソーシャルネットワークなのか、はっきりしないなら投資を打ち切ると言い出しかねない）。

　もちろん、私たちはグロースハックに精を出したが、一方で、ボランティアによる無料サービスでビジネスを維持する方法を探るための実験に数百万ドルもの資金を提供してくれるような気前のいいパトロン VC を見つけられる可能性は限りなく低かった。

　アーリーステージの投資家たちも少々不安になってきたらしく、収益を得る方法を検討するよう迫ってきた。そこで私たちは、いくつかの実験を開始した。

実 験 1 : 寄 付

　私の上司のCEO が最初に思いついたのは、寄付を募ることだった（私はこれを「托鉢作戦」と呼んでいた）。寄付が有効だと考えた理由は、私たちが公共に対して、たとえば公共放送がするのと同じように「善い行い」をしているのだから、私たちの使命を支援してほしいと人々に寄付を求めてもよいのではないかというものだった。

これについて、2つのことが私の頭に浮かんだ。

- 寄付だけでは、私たちのサービスが存続できるだけの資金を集めることはできない。
- 人々がお金を払えるようにすることは、悪いことではない。

　私としては非営利団体でもない一民間企業に一般の人が寄付をすることに懐疑的だったが、とりあえずこの案を試してみることにした（これは「disagree and commit（訳註：同意できないときは信念を持って意義を唱えるが、ひとたび決定がなされたら全面的にコミットして取り組むということ）」と呼ばれる、プロダクトにおけるリーダーシップの重要な要素である）。

　私たちは、都度（1回きり）の寄付を可能にするのか、それとも継続的な寄付を求めるのか（つまり、1回だけ寄付したい人は1カ月以内にキャンセルしなくてはならない）について議論し、そのオプションをユーザーインターフェースにどう表示するか、また寄付を促す方法や、ソーシャルエンジニアリングと呼ばれそうなものまで実験を試みた。

　また、「思いやりの瓶」と呼ばれるものを作り、人々にそれを毎日「いっぱいにする」のを手伝ってほしいとお願いした。ガラス瓶を描いたこのアイコンは、メニューバーにあるユーザーのプロフィールアイコンとユーザーメニューのすぐ横に配置された（図8-2参照）。

図8-2
今日はまだ、思いやりの瓶に寄付のハートが2つしか入っていません！

　瓶のアイコンをクリックすると、ユーザーは寄付のページにジャンプする。寄付は都度、好きな額を送れるようにしてほしいという要望があったため、私たちはそれを呑み、継続寄付に加えて都度寄付のオプションを追加することにした（図8-3）。

　この募金活動は長期的には、非常に少額ではあったが一定の収益を生んでいた。しかし私が直感した通り、数ヶ月後には寄付モデルだけではビジネス全体を維持できないことがはっきりしてきた。

　ところで、便利なサービスを提供するにあたって寄付を求めるビジネスは7 Cupsだけではない。私が最近知った一例は、Twitter（現X）でやり取りするアカウントがボットかどうかを知りたいときに使えるBot Sentinelだ（図8-4）。

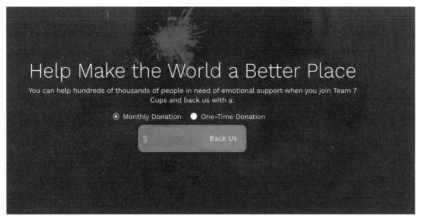

図 8 - 3

上図のコピーは「より生きやすい世界を作るためご協力ください」。7 Cupsのユーザーが「思いやりの瓶」アイコンを
クリックすると、寄付を促すページに移動する（デフォルトでは毎月の定額寄付オプションが選択されているが、都度寄付の
選択もできるようになった）。

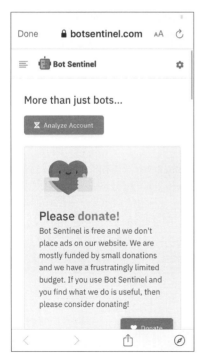

図 8 - 4

Bot Sentinelは、ユーザーが支援に興味があると想定したコ
ピーで寄付を募っている。

図内コピー：ご寄付をお願いします！　Bot Sentinelは無料
でお使いいただけるサービスです。当ウェブサイトには広告
を一切掲載しておりません。サイトの運営は皆さまからのご
寄付で賄っていますが、十分な資金が集まらず困っています。
Bot Sentinelのサービスを気に入っていただけましたら、ぜひ
ご支援をお願いします！

実験2：アップグレード

　私たちの投資家の1人が、7 Cups の「Growth Path（成長の道筋）」というセルフヘルププログラムを収益化できると強く主張してきた。この「パス（道筋）」は、別会社のメンタルウェルネスプロダクト、Headspace（マインドフルネスと瞑想のガイドアプリ）のようないくつかのステップで構成されていて、心を落ち着かせるエクササイズや簡単に行えるセルフヘルプ体験などが用意されている。

　Headspace は、古典的なフリーミアム型ペイウォールを採用していた（各セッションはマインドフルネスをガイドする動画や音声で構成されており、最初の10セッションまでは無料だが、全ライブラリに自由にアクセスするにはサブスクリプション契約が必要になる）。

　7 Cupsでは、基本の無料パスに加えて、特定の問題（依存症、不安障害、いじめなど）を抱え闘っている人たちに向けたいくつかの特別なパスを無料で用意し、そのほかのパスは「ロック」して有料のプレミアムサブスクリプションにアップグレードした人だけがアクセスできるようにするなど、Headspaceとは異なるアプローチをとった。

図 8 - 5
初めて利用する会員はしばらくのあいだ、大きくなったり小さくなったりする太陽のイメージに合わせて呼吸をしながらリスナーとの接続を待つ。接続がまだの場合は、次のステップを試すことができる。

月間／年間のサブスクリプションと、買い切りのパターンを提供し、価格設定や選択肢の見せ方を長期にわたり実験した。

　また私たちは、新しいオンボーディングの流れを開発し、新規会員がボランティアリスナーとの最初の接続を待つあいだに行う、セルフヘルプのステップを導入した。私はこれを"ヨガ・オンボーディング"と呼んでいた。このアプリは、心を落ち着かせるためのシンプルな呼吸法を紹介している（図8-5参照）。

　新規会員は、シンプルなステップを1つずつ試していくうちに、一連の流れを踏んでいることを理解する。そして最終的に、個々のニーズに合わせたプレミアムなアップグレードオプションが提示されるのだ。このオプションを示すタイミング、場所、方法についても時間をかけて実験を行った。

　私の最大の懸念は、プロダクトのサブサービスを収益化していることだった。7Cupsの第一の価値提案が生身の人間との1対1のライブチャットであることは変わらない。セルフヘルプの方面で加入者を増やすこと自体は悪いことではないが、それによって力を入れるべき部分が分散され、結局どのエリアも極められなくなってしまうのではないかと危惧したのだ。プロダクト担当者なら誰もが恐れる事態である。

　この実験は、ある程度の成功を収めた。実際にかなりの収益を生み出したのだ。それ単体では最適化を重ねたあとでも会社が十分な利益を得て経済的に自立できているようには見えなかったが、実験はサービスの持続可能性を確実に伸ばしていたし、人々がどんなものならお金を払うことをいとわないのか、何に価値を感じ、サブスクリプションの継続に関してどのような考えを持っているのかについて、多くを学ぶことができた。

　私たちは、月額29ドルの「Growth Path」のサブスクリプション契約につなげることを目的としたオンボーディング戦略を強化し、ユーザーが本格的なパスにコミットする気になるまでの準備段階として、簡単なステップ（呼吸法と内省）から始めるヨガ・オンボーディングをデザインした。

　この戦略を進める一方で、収益に関する次の実験もスタートさせている。

実験3：ホワイトラベル

　7 Cupsの創設者は、大学を対象としたマーケティングの経験があり、ユーザー基盤の大半が18〜25歳だったため、まずは学校向けに販売するホワイトラベル版のプロダクトを開発した。これを機に、私たちはBtoCビジネスモデルから離れ、SaaSの世界に本格的に参入したのだった。

　ホワイトラベル化は、ある意味で自然な成り行きだった。大学や専門学校は、大
人になり始めの不安定な時期に、家族からのプレッシャーや成人期の到来による
身体バランスの乱れ、恋愛の悩みなどを抱えた若い学生たちをサポートするのに難
儀している。学校側は、諸経費の調整はもちろん、生徒の減少や、自殺の問題ま
で心配しなくてはならない。

　キャンパス内のカウンセリングサービスは、対応できる範囲や状況に限りがある。
それに、メンタルサポートを必要とすることを恥ずかしいことと感じている学生や教
職員にとって、学校のカウンセラーに会って人目を引くのは避けたいところだ。しか
し、どの学生も一日中手にしているモバイル端末上での、チャットインターフェースを
通じた匿名のサポートサービスなら、助けを必要とすることに対して偏見の目で見ら
れたり弱い人間だと感じさせられたりすることへの不安を大幅に軽減できる。

　学校の中には、学生同士でサポートし合えるようにするために私たちの設備を活
用したいと考えるところもあった。また、私たちのシステムで学生に手を貸すのと同
時に、ボランティアのメンタルサポートも受けられることを歓迎する声も聞かれた。

　大学のキャンパスもしくはネットワーク全体にサービスを提供できるようにしたこの
ホワイトラベルバージョンには中規模の年間利用料を請求できることがわかったが、
このタイプの顧客をサポートするということは、リソース面や労力の集中という面で
多大な費用がかかることでもあった。

　また、今回初めて“プロダクトvs.営業”という古典的な対立が生じた。営業チー
ムが契約を取るために、プロダクト側に何の相談もなく提供する機能を確約したの
だ。両者間で「話し合い」が持たれる羽目になった。安全策を講じていたとはい
え、たとえば、大口の顧客が追加のセキュリティ機能を欲しがったという事実が、
私たちのプロダクトのロードマップを計画していたものとは違う方向へ向かわせてし
まい、最悪なことに、本来はやる必要のなかった複数の作業を短期間にさせられ

ることになったのである。

このホワイトラベルモデルは、私たちの消費者向けロードマップの足を引っ張る結果になったが、それでも将来性はあるように思えた。しかし、このモデルだけにビジネス全体を集中させられるほどの成長スピードは見られなかったので、別の収益化の道を探すことにした。そして行き着いたのが、プロのセラピストとの専門的なセラピーである。

実験4：オンラインディレクトリー（人物紹介リスト）

結論から言えば収益にはほとんどつながらなかったのだが、私たちはプロのセラピストの人名簿を作成することにした。表向きは、雑誌『Psychology Today』が提供する模範中の模範ともいうべき心理セラピスト・オンラインディレクトリーに競合するかのように見せたのである。こうしたプロフェッショナルたちに別の市場を提供したかったのと、私たちのサブスクリプション戦略に新たな道が開けると思ったからだ。

これは、財政的には大失敗に終わった。主な理由は、すでに確立されたディレクトリーを上回る信頼度と競争力のディレクトリーを提供するには、私たちには十分

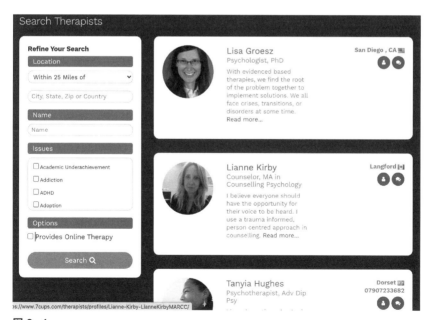

図 8-6
7 Cupsのディレクトリーに登録されているセラピストは、ボランティアリスナーによる無料サービスを超えた別レベルのサポートを提供していた。

な影響力がなかったからだ（セラピストが『Psychology Today』のディレクトリーを介して年に1件でも紹介を受ければ、サブスクリプションの費用がカバーできたという話はよく知られている。私たちにはそこまでの実績はなかった）。

しかし、私たちがこのディレクトリーを作ったのには、次の実験、つまり私たちのプラットフォームでオンラインセラピーを提供するための基盤作りという裏の理由があった。7 Cupsを通してセラピーセッションを提供するにはセラピスト登録をする必要があるが、その際、セラピストは7 Cupsのディレクトリーにプロフィールを設定する必要がある（前頁、図8-6参照）。

実験5：有料セラピー

今度は、別のフリーミアムモデルを試すときがきた。プロフェッショナルによるセラピーだ。私には、セルフヘルプの「Growth Path」を収益化する試みよりもはるかに理にかなっていると思えた。古典的なフリーミアムモデルは、一番基本となるサービスは無料で提供し、それと同じサービスの強化版や、より機能を充実させた版、あるいはもっと質の高いバージョンに課金するというものだ。

私たちが考えたのは、こうだ。善意のボランティア会員から「タダ」でサポートを受けることはできるが、「タダはタダなり」である。より高度なトレーニングを受けた人からのサポートが必要だ、もしくはそのほうが自分に合っていると感じ、経済的にそうすることが可能であるなら、同じコミュニケーション手段を使った同じコミュニティプラットフォーム上で運営されているプロフェッショナル版のサービスを利用したほうが、統合的なセラピストの紹介を比較的簡単に得られるようになる。

重要なのは、無料サービスを初期の頃から支えてきたユーザーやボランティア会員を、サービスの変更に関してや維持の必要性についてのディスカッションに加えることだ。また、彼らの役割が今後もサービスの基盤として維持され、無料会員だからといって階級を下にみなされるようなことはないと安心させる必要もあった。

私たちは、再びオンボーディングをアップデートし、今回は新規会員が人とのチャットを初めて希望したタイミングでセラピーのアップセルを提案する、チャット主体のオンボーディングフローに戻した（図8-7参照）。

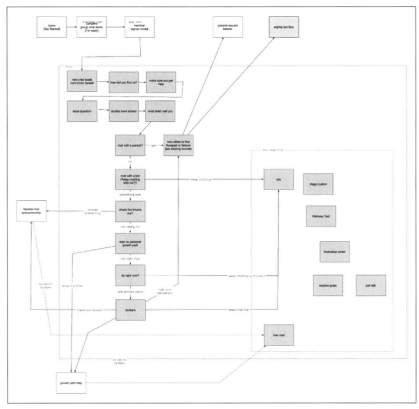

図 8 - 7
7 Cupsのオンボーディングチャットボット（Noni）は、オプションで新規会員に会員登録のプロセスやセラピストの割り当てをサポートするセラピーチャットボット（Sophia）を紹介する。

セラピー実験

　セラピーを提供することに将来性があることはすぐに証明されたが、さまざまな調整が必要だった。私たちは成長にフォーカスした週ごとのスプリントを実施して、タイトなケイデンスのなか仮説立案や実験などさまざまな取り組みを熱心に行った。

- 無料トライアルを実験。
- 会員登録のファネルを徹底的に最適化（第7章「実験を通して仮説を検証する」参照）。
- セラピストにとって快適で、セラピーサービスに対する期待にも応えるプログラムの設計に注力。

- セラピストが自分たちの仕事への評価を確認できるダッシュボードを開発。しかし、この評価が逆効果になる場合もあり、機能の微調整や削除が必要に。
- 対応可能なセラピストを新規登録者に割り当てるキューイング（待ち行列）のアルゴリズムを実験。

　私たちは、無料サービスとそれを利用するユーザーコミュニティの成長率を大きく妨げることなく、多くの"勝ち"を積み重ね、ファネルのコンバージョン率を高め、サブスクリプション契約のリテンションとセラピー提供者へのサポートを向上させることができた。最終的に、私たちはスタートアップの至高の目標である損益分岐点に到達したのである（図8-8参照）。

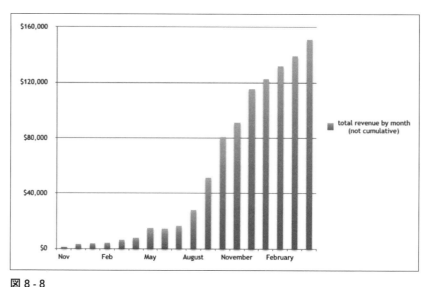

図8-8
例示目的であることとプライバシー保護のため数字は架空のものだが、この月別収益曲線からセラピーサービス導入の効果がいつどのように7 Cupsを損益分岐点まで押し上げたかがわかる。

「ラーメン代稼ぎ」ができるまでになる

　損益分岐点に達した今、ひと月の収益が支出より1円でも多ければ黒字というわけだ。そのまま何も変わらずにいければ、理論的にはビジネスは永久に存続できる。とはいえ、永遠に変わらないものなんてないし、ビジネスにとって停滞は死を意味する。たとえそうでも、資金繰りの心配から一時的にでも解放されるのは、大変喜ばしいことだ。

それでも私たちは、使命感主導の、リーンでボランティアベースのスタートアップならではの方法で黒字を出していた。支出を最低限に抑え、何でも安くまかない（モットーは「"安かろう"は"悪かろう"にあらず」!）、自分たちには市場平均よりかなり低い給料を払っていたのだ。しかしそれは、長い目で見たら本当の意味で持続可能性があるとは言えない。シリコンバレーでは、このモデルを"Ramen profitable"と呼んでいる。日本語にすると「ラーメン代稼ぎ」、つまり日銭稼ぎという意味だ（訳註：Yコンビネーターの共同設立者ポール・グレアムが提唱した概念で、安価なインスタントラーメンが食べられるくらいの生活費、つまりギリギリ自力で食べていける程度の利益を上げるということ）。

どんな方法であれ、私たちは前進し続けなければならず、少なくともこのとき選択できる方向性はいくつかあった。では、その選択肢にはどのようなものがあったのか。

基本的には、3つのアプローチが考えられた（表8-1参照）。

方向性	1	2	3
名称	この先に道はなし	現状が最高	当たって砕けろ
説明	理論上は半永久的な持続可能性を得られる小さな賭けを繰り返しながら自然に成長。	LTV／CACを最適化（2〜5倍改善可能）し、リードジェネレーション（見込み客獲得）における成長を促進。	100倍にするチャンスを追求。

表8-1　損益分岐点に達したプロダクトの3つの方向性

最初の方向性「この先に道はなし」は、損益分岐点に達した既存ビジネスを実験基盤にしたものだ。この方向性を試した際、ギリギリ自立できる範囲内で、画期的な新規プロダクトを開発したり、より大きな価値を生み出すための方向転換をしたりするだけの余力は得られた。

2番目の方向性「現状が最高」は、損益分岐点に達したばかりのビジネスモデルが健全かつ持続的に十分な利益を上げるのに最良の手段とみなしたものだ。

この方向性で主力サービスとその有料版の価値を高め、プロダクトを成功へ導いた主要指標に対して変わらない実直さで向き合う。そうすれば、最初の成功の上にさらなる成功を着実に、堅実に積み上げていけると考えた。

最後の選択肢「当たって砕けろ」は、表面的には最初の方向性と似ていて、

現行の成功をより大きな成功への足がかりとするものだ。最初の方向性と違うのは、大穴を狙った大博打、一か八かの賭けに出るという点である。つまり、革新的で、ゲームの流れを一気に変えるような、ひいては新市場を創造するほどの機会を追求するということだ。これは、0から1に辿り着く方法がわかったのだから、1から無限に進めない理由はないという考えが根底にある。

事業ライン、経済状況、市場競争、そのほかの要因次第では、7 Cupsのプロダクト、あるいはあなたのプロダクトが次に進む適切な道として、これら3つの方向性のどれが当てはまってもおかしくない。

複数の事業部門を管理する

この、1つのプロダクトだけでビジネスを展開する企業が損益分岐点を達成するまでのストーリーには、いくつかの異なるビジネスモデルやまったく別の事業部門での実験が含まれていたことに注目してほしい（図8-9参照）。こうした事業スタイルは、珍しいことではない。焦点を1つに絞ったビジネスには相応の利点がある一方で、複数部門を展開することで多くの好機を一度に得られる場合もある。

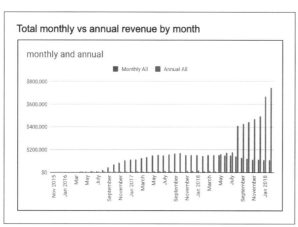

図8-9
このデータは架空の数字を使用している（プライバシー保護のため）が、月支払いサイクルと年支払いサイクルのものなど複数の事業ラインの収益状況を重ねて表示し、それらがこのプロダクトの収益拡大にどのように貢献したかを示している。

収益のライフサイクル

プロダクトをゼロから立ち上げ、ユーザー基盤を拡大し、ついには損益分岐点を達成する話は刺激的ではある。しかし、プロダクトのライフサイクルの初期段階に焦点を当て、収益やコスト、予算、リソース、財務をめぐる現在の動向に目をやらな

いのは危険である。

　一定数のユーザーを獲得済みで、プロダクトロードマップや企業戦略において比較的安定したポジションを確立しているプロダクトは、既存の収益源を維持し最適化することに重点を置き、何もないところから別の何かを見出そうとはしない傾向にある。このアプローチは、「フロンティア精神」をあまり持たないプロダクト担当者がよく好むように見受けられる。ある意味、パイオニアに追従したがる銀行家やサプライヤーや、組織の運営側が得意とするビジネススタイルである。

　最終的に、こうしたアプローチには終焉が訪れ、「サンセット」（サービスの提供終了）に踏み切ることとなる。たとえ減りつつあったとしても収入源を断ち切ることは容易ではなく、幕引きのときを自覚して適切な行動をとるのはなかなか難しい。

確立したプロダクトを維持し最適化する

　すでに市場で地位を確立しているプロダクトの場合、維持するのも最適化するのも基本的なメカニズムは同じである。それには固定されたコストと、使用量に応じて変動するコストがあり、安定的な収益源と断続的な収益形態が存在する。ただし、その動きは微調整されていて、メンテナンスの行き届いたシステムを回し続け、確実な収益の流れを維持し、安定したユーザー基盤を満足させ続けることが重視されている。

　クレイトン・クリステンセンが提唱した有名な「イノベーションのジレンマ」理論によれば、既存企業の自己満足は長期的なリスクを生じさせる。既存の企業がイノベーションに失敗する理由は、企業力が弱いとか、チャレンジ精神に欠けるとか、競争に疲れたとかではない。一定数の支持者を得て確立したプロダクトには、イノベーションという賭けに出る余裕がないからだ。そこに、ジレンマがある。革新的にふるまうのは、既存の収入源に対するリスクが高すぎるのだ。そのことが、最終的には新興企業に付け入る隙を与え、プロダクトのライフサイクルを第3段階、そして最終段階へと進めることにつながっている。

サンセット

　どんなことにも必ず終わりは訪れる。デジタルソフトウェアプロダクトも（そしてそれらが生み出す収益や利益も）また然り。利用価値のなくなったプロダクトのサンセット（提供終了）と廃止を取り仕切ることは、どのプロダクトマネージャーにとっても好ましい任務ではないだろうが、この最終段階のシナリオは、優秀なプロダクトを構築す

る際と似たようなスキルセットを必要とする。

　どういうことか？　まず、プロダクトを廃止するには次のようなことが求められる。

- 利益と損失の減衰のパターンを特定し、どの不採算部分をいつ切り捨てるかという難しい決断を下す。
- ユーザーとの契約を終了し、その後の反響を想定し、セキュリティやプライバシー、そのほかの法的義務を果たす。
- 最終的に、プロダクトを事業から完全に切り離す。

　お気づきだろうか？　これはそもそも、成功するプロダクト作りに必要なスキルの逆バージョンである。

お金はプロダクトの素材の1つ

　消費者が店頭で支払おうが、企業の顧客が銀行振込で支払おうが、お金について商取引という観点から語るのは難しくはない。しかし、ビジネス領域外で働くプロダクトマネージャーであっても、やはり営利企業と同じ活力源、つまりお金で動いている。

　政府や非営利団体のほかにも、販売や事業を行わない組織はどこも、何かしらにお金を支払っている。お金こそが、この物質世界の循環システムだ。非営利の団体では、たとえ組織自体に収益がなかったとしても、寄付者や会員が資金を提供してくれる。政府であっても、新機能の追加や古いバグの修正といったソフトウェア開発には、企業と同様にお金はかかる。この仕事からお金の部分を切り離すことはできないし、そうする理由もない。

　プロダクトマネージャーとして、どんな作業もその水面下にお金の流れがあるということを理解できたなら、お金もいろいろな意味で、コンピュータの画面上のコードの行数やピクセルと同じようにプロダクト開発に必要な素材の1つだと認識するようになるはずだ。

—— 仕事の日は、1日をどのようにスタートしますか？

SlackとEメールのチェックから。

—— 朝の早い時間は何をしていますか？

コーヒー片手に1日の作業プランを立てる。

—— 午前中の残りの時間はどう過ごしますか？

各部門のICの仕事にできるだけ多く目を通してから、ミーティングへ。

—— 午前中の仕事終わりには何をしますか？

ミーティングが終われば終わり。

—— 昼休憩はいつ取りますか？

正午。

—— 午後は、最初に何をしますか？

たぶん、コーヒーをもう一杯。午後遅くのミーティングの準備に1時間くらい。アジア地区が午前中のあいだにやってしまう。

—— 緊急事態や予定にない仕事が発生したときには、どう対処していますか？

直接、現場に出向いて対処。複数の部署がインシデントの対応策を計画し実行するのをサポートする。

—— 午後の大半は何をしていますか？

ミーティングをさらにいくつか。そのあと、書類を作成して1日の仕事を総括する。

—— 仕事の日の締めくくりには何をしますか？

家族と夕食。娘の宿題を手伝い、チビを寝かしつける。

—— 夜も家で仕事をしますか？

日常的に。

Chapter 8

お金を得る

185

この章のまとめ

- ビジネスと収益はプロダクトマネジメントの中核的な責任である。

- 価値のあるプロダクトを作れば、それを維持するためのビジネスモデルも見つかる。

- 収益モデルは複数試して構わない。

- 結果の出ない収益モデルを放棄することを恐れない。

- 力の入れ具合を変えて複数の収益源を維持することは可能だ。

- ロードマップが一時的に無限大になるようなプロダクトにとって、損益分岐点はゲームの流れを変える重要点。

- 収入と支出は、プロダクトライフサイクルの各段階でできること（確立、維持、廃止）を左右する。

- 商取引が発生しないプロダクトであっても、お金はプロダクトマネージャーが扱う素材の1つである。

プロダクト／UXスペクトル における健全な 協働関係の築き方

UX実践者とプロダクトマネージャーが多くの懸念事項を共有し、隣接する専門スキルを展開していることはよく知られているが、それゆえに誰が何に対して責任を負うかということの正確な定義付けについては長年決着がつかないできた。仕事をどう分担するかは、チームの数だけバリエーションがある。しかしそれらには通常、こんな方程式が当てはまる。

- プロダクトマネージャーは「What（なに）」を担当する。
- UXデザイナーは「How（どのように）」を担当する。

　はい、これで問題は解けました！　じゃ、この章はこれでおしまい！？
　いやいや、そう簡単にはいかないのだ。これが「What」でこれが「How」だと両者が完全に合意したとしても、ではそれを実践でどう適用すればいいのか、わかっている？　どこで仕事を分け、何について直接一緒に働き、どのように連携し合い、協働する際には誰が最終決定権を持つのだろう？

重複するスキルと区別すべきスキル

　第3章「プロダクトマネジメントにも応用できるUXスキル」で紹介したプロダクト／UXヒストグラムを覚えているだろうか。スペクトルの中間あたりにリストアップされたいくつかのスキルは、チームや文脈に応じてUXの専門家が扱うほうがよい場合とPMが扱うほうがよい場合があるものだった（図9-1参照）。
　このヒストグラムは、重複部分や複雑さを可視化しスコアリングに役立てるためによく使われているベン図をあえて避けて、リスト状にしたものだ。しかし、実際はそれぞれのスキルの関係性はもっと曖昧で、ヒストグラムだとそれらの順序や前後関係が強調されてしまう恐れがある。したがって、重なる可能性のあるスキル領域に注目したいときには、ベン図で表示するほうがプロットする際にイメージが湧きやすい場合もある（図9-2参照）。
　共に仕事をする者同士で能力やスキルを共有するのは良いことだし、本来なら何の問題も起きないはずだ。しかし実際には、各タスクの責任の所在が曖昧だったり、誰が何に対して最終決定権を持つのかがはっきりしていなかったりすると対立や誤解を招く可能性があり、最悪の場合、顧客に低質なユーザーエクスペリエンスを提供することにもなりかねない。

```
ブランディング                          ステークホルダーへのファシリテーション
UIシステム構築                          （関係構築・調整・促進）
フロントエンド開発                        概念モデリング
サウンドとモーション                       ユーザビリティテスト
ビジュアルデザイン
会話型デザイン                           顧客とのインタラクション
プロトタイピング                          市場調査
スタジオクリティークとイテレーション            データ分析
インタラクションデザイン                     スプリント計画
ワイヤーフレーム                          バックログの管理
UXライティング                           バグ追跡
                                      ノーススターメトリック
コンテンツ戦略                           受け入れ基準（Acceptance criteria）
サービスデザイン                          ユーザーストーリーとエピック
デザインコラボレーション                     ロードマッピング
スケッチング                            MVPの定義
情報アーキテクチャ                         機能開発の優先順位付け
UX戦略                                収益モデリング
ペルソナとユーザージャーニー                  仮説と実験
ユーザーリサーチ                          危機管理
リサーチ・シンセシス（調査結果の統合）            アーキテクチャ戦略
                                      プロダクトマーケットフィット
```

図 9 - 1

リストの中間あたりに書かれたスキルやタスクは、チームによってはUX担当者が担当することもあれば、プロダクト
担当者の割り当てになることもある。

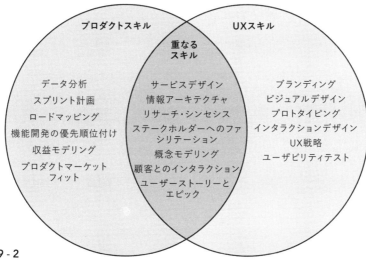

図 9 - 2

実践する可能性が最も高そうなタスクを大まかに分類したプロダクト／UXスキルのベン図のサンプル。

対立は、単純に連携が取れていないために生じることもあれば、もっと悪質な理由で起きることもある。中には「縄張り」意識が依然として強く、自分たちの陣地を侵そうとするほかのチームや流派の人間をシャットアウトしようとする人もいる。こんなストリートギャングのような考え方は、コラボレーションにはもちろん向いていない。もし自分のチームにそういう人がいるのなら、注意して見ていないとそのチームで優れたソフトウェアをリリースするという望みは叶わないだろう。

　各プロジェクト、成果物、または作業成果が誰の功績かをめぐるいがみ合いもそうだが、プロダクト担当者とUX担当者が連携を無視してそれぞれのタスクに集中すると、作業の重複が起きてしまうリスクも高まる。

　非常に似通った問題を相手とは違った方法で対処しようとして、それぞれにリサーチを行い、コンセプトやモデルを定義し、仕様書やそのほかのデザイン成果物を作成すれば、以下のことを含むさまざまな問題を引き起こす可能性がある。

- 開発段階と提供段階で物事に不明瞭さが生じる。
- 本来はする必要のなかった区別をはっきりさせるために、余計なサイクルを行うことになる。
- 上に立つ誰かがチーム内に機能麻痺が生じていることに気づくまで、2つの枠組み間をエンドレスに行ったり来たりする綱引き状態が続く。

 ## 線引きはどこで？

　少し前、私は自分のPM仲間のネットワークに、「プロダクトとUXの線引きはどこか？」という一見単純そうな質問を投げかけた。私の周りにいるプロダクト関係者の大半が「それは状況次第だよ」系の人間（つまりUX系）であることを思えば、この「プロダクトとUXは別モノ」という前提を否定して、両者のあいだに境界線などあるのか（そもそも線を引く必要があるのか）と問い返してくる人が多いのは当然といえば当然だった。

　ほとんどの人は、重複するスキルにはグレーゾーンがあると強調した。双方のスキル内容の違いは微妙なものなので、確かにそうなのかもしれない。次のような回答があった。

- 「線を引く必要はない。最高のカスタマーアウトカム（顧客成果）を達成するために、互いの力を引き出すことが大切。プロダクトマネジメントとデザイ

ンのあいだに線引きがあろうとなかろうと、それは顧客には関係のないことだ」——HSBCプロダクト担当者、ジーワン・シン・グプタ

- 「優秀なデザインリーダーは、PMのように物事を考える。PMを超える人だっているし、そうなることを目指す人も多い。これについてあまり話題にならないのが不思議なくらいだ」——Riviera Partnersシニアパートナー、ダーク・クリーブランド

- 「グラデーションは"線"と呼べる？　デリバリーとスキルセットに関しては線引きがいるかもしれないが、どちらのプラクティスも焦点は同じ。顧客に成果物を届けるということ」——Coforma CEO、エドゥワルド・F・オーティス

でも、線引きの何がわるい！　線を引くことで、物事が明確になる。境目をはっきりさせたくない気持ちはわかるが、区切りのないままではコラボレーションする部分と意思決定の部分がごっちゃになって混乱を招くことになる。

協働する際には、当然、線引きなどないほうがいい。同じ場所で同じグラフを前に議論を交わし、1本のマーカーを交互に渡し合ってはホワイトボードに自分たちの考えを書き込みながら、インタビューやアンケート調査の質問を一緒に考えようじゃないか。ただし、いくつかの点は明確にしておこう。プロダクトがリリース可能かどうかの判断は、プロダクトマネージャーがする。ナビゲーションのタクソノミーに関する最終決定はUXストラテジストが下す。などなど。こうしたタスクがどちら側の仕事かを絶対決めなければいけないという意味ではない。必ず特定の人の手に任されるものではあるが、ステレオタイプで決めるものではないし、どんな場合も誰が責任者で誰が最終的な決断を下すかを関係者全員に明確にし、理解と合意を得ることが大切だ。

UX／プロダクトマネジメントの現場から

オーディエンスのニーズとビジネスの優先事項を一致させる

Rocket Mortgageのデザイン部門のVPを務めるアダム・コナーは、次のように述べている。「リサーチとデザイン部門が担当するのは、ニーズと可能性。オーディエンスのニーズは何か？　そのニーズが組織にどんな機会を与えてくれるのか？　そうしたニーズや機会を満たすのはどのようなソリューションで、それがどう機能するのか？

プロダクトマネジメントの担当は、アライメント（方向性の一致）、優先順位付け、

進捗管理。組織が今、何に重点を置いているのか？　事業の優先順位、能力、これまでの成長度を考慮した上で、現在はどの機会、ニーズ、ソリューションに集中すべきなのか？

　エンジニアリングにおいては、安定性、拡張性、実現性。どう作れば優れた安定性とパフォーマンスを得られるのか？　オーディエンスや要求の増加に合わせて規模を拡大できるようにするにはどうすればいいのか？　ニーズが変わっても柔軟に再利用できるようにするには？　将来の技術やニーズの妨げにならない方法でそうすることは可能か？

　これらの部門はどれも、共生関係にある。それぞれが、インプットとアウトプット両方のために互いを必要とする。誰かが決定したことを次の人へ渡していくだけの組み立てラインとは違う。

　それぞれの担当者は、ほかの部門の担当者が主導する会話に、制限要因としてではなく実現要因として積極的に参加することが望ましい」

ジーワン・シン・グプタは、次のように言っていた。「プロダクトマネージャーの『仕事』は、カスタマーアウトカム（CO）を得ることです。PMである私にとっては、COを改善したりCOに影響を与えたりするすべてのことが重要です。誰がそのデザインのリサーチやテストを行い、誰が開発したかということは重要ではありません。私は船の船長として、船体を正しい方向へ進ませるためには、操舵にだけ集中するのではなくラジエーターやあらゆる計器の針の動きにも気を配らなくてはなりません。でもUXデザイナーの立場から言えば、線引きはあっていいと思う。一線を引くことで、デザインアウトカムの中でも自分が重要だと思うことに集中できるようになり、それだけを追求していられるのですから」

良いチーム、悪いチーム、不愉快なチーム

　最近の傾向としてプロダクトとUXがどう関わり合っているのかをもう少し深く掘り下げてみる前に、一旦立ち止まり1つの点を明確にしておこう。昨今この分野では、プロダクトマネジメントが全面的な裁量権を持つという理想化された概念と、たいていの不調和な環境下でPMが実際にどう振る舞っているかということのあいだに、若干のギャップが見受けられる。

　プロダクトマネジメントというものが理想に満ちた（願望にも近い）言葉で表現され

るとき、このギャップが少々込み入った議論に発展することがある。プロダクト関連の書籍やブログ記事に登場するような、多分野に精通し、思慮深く、協調性があり、クリエイティブで実験精神旺盛で、思いやりのあるPMと、UXの人間がプロダクト担当者と実際に仕事を共にした際の経験とが一致することは、どうやら稀らしいのだ。

プロダクトマネジメントのやり方が下手な人（ストイックすぎる、独裁的、UXの知識が皆無、など）をすべて「あの人は真のPMとは言えない」などと言ってみたところで、何の問題解決にもならない。言ってみれば現実逃避だ。

現場にはいろいろなタイプのPMがいることを認めるのが得策である。実際、世の中には本当に誠実で素晴らしいPMは存在するし、優れたプロダクトチームを数多く育成している統率がよく取れエンパワーメントされたプロダクト組織もある。しかし、そうしたプロダクトマネジメントの進化系モデルは、結局はどの組織や業界でも例外でしかない（正直に言えば、これに似たことはUXにも当てはまる。UXリサーチ、戦略、デザインの理想的なモデルは、リソースや時間、リーダーシップに制約がある現場では特に不足しがちになる）。

UX／プロダクトマネジメントの現場から

アウトカムのために協力し合う

マット・ルメイは、役割の詳細をどうやって決定するかについて、より現実的な意見を述べている。「僕は、健全なチームというのは、チーム共通のアウトカムが明確に定義されていて理解もされていると思う。それに向かってどう協力し合えばいいかを、みんなが自然とわかっているんだ」

現実世界のプロダクトとUXの関係は、ざっくりと3つのカテゴリーに分類することができる。

- 良いチーム：プロダクトディスカバリーとプロダクトエクスペリエンスに関して、健全で実りあるコラボレーションが行われている。
- 悪いチーム：プロダクトとUXの関係がうまくいっておらず、潜在能力をフルに活用するには努力が必要。
- 不愉快なチーム：分野間で有害な関係を蔓延・増長させている。

良いチーム

　プロダクトとUXのあいだに良好な関係性を築いているチームの特徴は、各役割が明確に定義されていて、チーム全員がそれをよく理解している。コラボレーションの機会が多く、共通する懸念事項に対し、それぞれ「最終決定権」の所在がしっかり話し合われて決められている。このタイプのチームにとっての最大の課題は、チームが成功を遂げ規模が拡大し始めても、この文化を維持できるかどうかだ。

悪いチーム

　大多数のプロダクト組織は、この「悪い」ゾーンに生息している。人々は善意を持って仕事に取り組んでいるが、未だお互いの専門分野について進んで知識を深めようとはしていない。そのため、コミュニケーションの行き違いが生じたり、お互いの意図を汲み取れなかったり、「成果物」を押し付け合ったりしがちになる。

　状況を変えるには、互いが抱えている不満について話し合う機会を持つことだ。まずはUXデザイナーかプロダクトマネージャー、あるいはその分野のリードから話を切り出し、不快な事実や厄介ごとについて個人レベルで対話することから始める。何がどうなってほしかったのか、何に対して懸念を抱いているのかを全員から聞けたら、共有目標や関心事のすり合わせをするのもそれほど難しくはないだろう。それに、それまで一致していなかった優先事項を表面化し、それについて議論して「ワーキングアグリーメント（チーム合意）」を得ることもよりスムーズにできるようになる。

　ワーキングアグリーメントは、アジャイルの「ラフコンセンサス＆ランニングコード」（訳注：大ざっぱな合意と実際に動くプログラムを重視すること）の人間関係版と考えることができる。一度に何もかもうまくやる必要はない。どのみちそんなことは、なかなかできるものではない。しかしとりあえず、関係するみんなが納得のいく基本ルールを決めておくことはできる。ルールは絶対不変でなくていいのだ。だいたいの合意が得られれば、それで十分。それから、チームが理解し合意したことについてプロダクト的なマインドで振り返りのレビューをし、イテレーションしていくのである。誰にとって何が効果的で何がそうでないのか、どんな行動がチームの能力を最大限引き出せるのか、そしてチームの誰かがどうしてもベストを尽くせないような日には、このワーキングアグリーメントがどこまで適用できるのかについて、UXのリーダーと率直な意見を交わし合う。そうすることで、最初に決めたルールを改善することができる。

　個人でできることは限られている。一丸となって力を尽くしているチームは「ブライトスポット（成功例）」となれるし、ほかのチームへの手本にもなる。しかし、プロダ

クト組織全体を（規模に関係なく）真の意味で進化させたければ、どのレベルでも発生する難しい対話にも真摯に取り組むリーダーシップが必ず必要になる。こうした難しい課題と向き合う心構えができた成熟企業は、オフサイトミーティング（社外研修など）の時間を確保したり、関係者全員（大企業の場合には各セクションの代表者）を集めた「プロダクト／UXサミット」の機会を特別に設けたりすることも求められるかもしれない。

不愉快なチーム

　もちろん、機能をただ作るだけの「フィーチャーファクトリー」になってしまっているチームもたくさんある。そうしたチームでは、プロダクトの肩書きを持つ人は、（良く言っても）プロジェクトマネージャー、悪く言えば監督官のように振る舞っている。技術チームとデザインチームに命令して指揮をとり、チームメンバーに主体性を許すこともほとんどなければ、質問の仕方をわかりやすいように変えたり、重要な目標に向かってプロジェクトで連携したり、プロダクトのビジョンや組織の価値観に訴えたりすることもない。

　そんな不健全な環境に身を置くUXの人間や新人プロダクトマネージャーにとって、解決の道はただ1つ、逃げ出すこと。トンズラすればいい。もっと自分を豊かにしてくれる仕事を見つけるのだ。しかしそれは、言うは易く行うは難し。たとえもっと良い仕事を求めて積極的に転職活動をしていたとしても、「約束の地」を見つけるまでの数週間、いや数ヶ月間は、この不愉快極まりないプロダクトの現場で耐えながら職務をこなさなければならない可能性だってある。

　では、どうすればいい？

　まずは、自分が挑む戦いを選ぶことだ。ユーザー中心のデザインやプロダクトマインドをやり込めようとする大小すべての攻撃に対して全面戦争を仕掛ければ、敵を作ってしまうだけ。思い切り拒絶されて「余計なお世話だ」と言われるか、締め出しをくらうのがオチだ。

　通常、ここでの最善策は、自分の立場を貫くタイミングと場所を選ぶこと。そして、あらゆる専門スキルを駆使して、自分に押し付けられているアプローチが通用しない理由を伝えることである。

　やらなくていいと言われたとしても、ある程度のリサーチはするべきだ。ロードマップ上のある項目を別の項目より良く見せるために「いいとこ取り」したのではない、ちゃんとしたデータを手に入れて、代わりになるアプローチの合理性を主張するので

ある。悪魔が手前勝手な目的のために聖書の一番いい句を引用する（訳註：シェイクスピアの『ヴェニスの商人』にある一節）というやつと同じで、ストーリーを形作ったり主張を押し通したりするために選りすぐったデータはすべてを台無しにする恐れがある。もはや実際に何が起きているかを知ることはできず、びっくりハウスの歪んだ鏡のように、ほかの人に信じ込ませたい嘘の現実が映し出されるだけである。

　提示したアプローチが否決されたなら、目標がきちんと定義され指標が正しく追跡されていることを確認し、その結果によって決定が誤りだと証明された場合は、説明責任を果たすよう求めることが大切だ。どれも気分の良いことではないが、サポート体制がより充実した職場が見つかるまでのあいだ、自分のプラクティスを誠実さを持って進められるだけの余裕を得ることができる。

組織図のどこに位置している?

　プロダクトとUXの関係を複雑にするものの1つに、組織図がある。UXはプロダクトに従属する立場なのか、それとも同等なのか?　あるいは、その両方?　つまり、UX担当者もプロダクトマネージャーもプロダクトヘッド（head of product）（もしくはプロダクト担当VP、CPO、プロダクトディレクターなど）に報告義務があるが、ICレベルでは同列の仲間ということ?　後者のシナリオの場合、そのプロダクトヘッドはプロダクトマネジメント以外の経験を持っているのだろうか?

　先にも述べたように、絶対にないとは言わないまでも、エンジニアがプロダクトマネージャーに報告を上げることはめったにない。またエンジニアは、プロダクトヘッドを筆頭にしたプロダクト組織のヒエラルキーには報告を上げないことがほとんどだが、これもまったくないわけではない。それでも、プロダクトはUXとデザインを「下」に付き従わせたがるようで、その傾向はエンジニア部門に対してよりもはるかに強いようだ。

　Ambev Techのデザインリードを務めるカイオ・B・ニシハラは言う。「UXがプロダクトに報告をするのは（報告の形や領域はさまざまだが）よくあることだ。でも、もし会社がデザイン部門を戦略的な推進力とみなしているならば、単純に『ドップダウン効果』を避けるためにプロダクトのレポートライン（報告経路）から外しておくべきだ」

　プロダクトマネージャーになる道に進みリードになった人は、そのうち一連の疑問に立ち戻っていることに気が付く。ついにUXを完全に仲間にするチャンスが来たのか?　UXのリードを雇用してチームを委ねてもよいだろうか?　それとも、その頃

には「UXをよく知る」プロダクトリーダーとして、プロダクトとUXの両方の肩書きをキープしても良いかもと思い始めているだろうか?

つまるところ、正式なレポートラインがどうだということはあまり気にせず、隣接する同僚との関係にもっと気を配るべきだろう。プロダクトリードもUXリードも、両方がプロダクトディレクターにレポートしようと、どちらか一方がUXディレクターに、もう一方がプロダクトディレクターに報告しようと、本当はどちらでもいいのではないか?

デザイナーではなくなるとき

UXからプロダクトへキャリア変更する際の注意点として、自分のセルフイメージをプロダクト用に調整し、自分がデザイナーでなくなったということよりも(休みの日には存分にデザインして結構!)、チームのデザイナーではなくなったことを受け入れなければいけない。UX出身のPMは、一緒に働くUXの人たちが自分のデザイン提案を受け入れて当然だと思い込んでいる。なぜならほら、「自分はUXデザイナーでもある」から。

残念ながら、それは違う。もう別の仕事に就いたのだ。

意見を言う権利はある。何かを提案することもデザインのアイデアを共有することもできる。だが、そうするときには慎重に! いくらあなたが「最終デザイン」ではないと説明しても、クライアントがワイヤーフレームを文字通りに解釈してしまうのと同じように、デザイナー気分の抜けないプロダクトマネージャーからの「デザイン提案」は、完璧にできあがりすぎているか、もっと悪いことに、押し付けになってしまう。

UX／プロダクトマネジメントの現場から

筆者の作戦

私は、UXのデザイナーかマネージャーとパートナーシップを組む中でアートディレクターの役割をしなければいけないとき、問題領域や考慮可能なアプローチについての話に熱を込めすぎてしまいがちになる。例を絵に描いてアイデアを伝えたいと思うときには、自分の手元にわざと注目を集めて、これは単にコンセプトを描いているだけだからね、戦術的なソリューションやユーザーインターフェースを提案しているわけじゃないからねと、悪気のないふりをすることにしている。

ハイブリッドでいこう

　もしあなたが、UX担当者から時間をかけてプロダクトマネージャーへ移行しようと考えているのなら、あるいはデジタルプロダクトのコンテクストで仕事を続けていくつもりなら、どこかで両方の役割を同時に担う機会に出会うかもしれない。これは、スタートアップ企業や、大規模な組織の中に新しく発足した少数精鋭型チームによく見られるパターンだ。どちらの場合も、幅広いスキルを身につけていて、その時々に取り組むべき問題に適切なツールを適度な時間だけ用いて対処できる柔軟性を備えた人材が求められる。

　このシナリオでは、あなたは依然としてデザイナーである。理想的なロールに聞こえるかもしれないが、現実にはUXとプロダクトは別々の仕事であり、二足の草鞋を履くのは容易なことではない。2つの仕事を同時にこなすのはただでさえ大変なのに、コンテクストを頻繁に変更したりワーキングメモリー（短期作業記録）のバックアップやリフレッシュをしたりすることのオーバヘッドは言うまでもない。もっと辛いのは、UXもしくはプロダクトの相棒と反対意見をぶつけ合うことができない点だ。一人二役である以上、その相棒も自分自身なのだから。あるソリューションが、より優れたユーザーエクスペリエンスをもたらす代わりにプロダクトの別の優先事項を犠牲にしてしまうという、この非常に厄介な問題をどう解決すればいいのだろう？　あなたの中に、すでに答えは出ている。自分に挑戦するのは思う以上に難しいものだ。

　それでも、こうしたデュアルロールは、両方の分野を調和のとれた互換性のある形で確立し始める絶好の機会になる。リーダーとして成功しチームの規模が拡大したら、できるだけ早く同僚をチームに招き入れて、自分は一番適していると思う役割に集中するのがベストである。

UXの本領発揮！

コンテキストアウェアネスのためのシステム思考

　UXとプロダクトの領域をまたがるもう1つの視点が、サービスデザインである。Procore TechnologiesのシニアUXデザイナー、クリステン・ラミレスが考えを共有してくれた。

　「ツールをすべて備えておく必要はありませんが、私はUX出身で、UXの仕事に長けています。それ以上にリサーチもしますし、サービスデザインも手掛けています。そこにも、分野が混ざり合うクロスオーバーがあると思います。

私は、ビジネスプロセスをサポートするアプリケーションを開発していますが、それをするためにはビジネスプロセスを理解していなければいけません。人々が何をしようとしているのかを把握していなければ、優れたアプリケーションを作ることはできません。

　担当したサイトの1つに、Uberの開発者向けサイトがありました。ユーザーの企業データはすべてアクセス可能である必要があり、人々がそのアクセス方法を知っていなければなりません。そこには、未確定要素がたくさんあったのです！『みんながそれをどうすればできるのか』ということもその1つでしたが、それよりも『ここにあるすべてのオブジェクトが互いにどうつながるか』が重要でした。

　デザイン畑出身者が開発者とテクノロジーについて話をするには、学ばなければいけないことがたくさんあります。それは、誰かと話すだけでは身につけられない知識です。

　私たちはある意味、これをモデル化できないといけません。『私は、この部分を100％理解できていない気がするので、この関係性を図に描いて整理してみますね』というようなことがちゃんと発言できるようにするべきです。私が常に心がけているのは、そういうことです。つまり、一緒に働く人の言語を学ぶということ。

　過去にフロントエンドの開発を少し手掛けたことがありました。昨今のフロントエンドとは比べ物にならないものでしたが、そのときの経験が開発チームと仕事をする上で役立っています。それはビジネスでも同じことで、私にとってはサービスデザインが橋渡し役となりました。

　デザインが問題解決の一部であることを望みますが、エコシステム全体を理解していなければ、デザインを固定的なものにしてしまうでしょう」

最強の友

　今、プロダクトとエクスペリエンスのコラボレーションが大きく花開こうとしていると感じているのは、私だけではないだろう。この2つは密接に結びついている。プロダクトマネージャーとUX実践者の両方が得意とする「連携」と「コミュニケーション」を携えて、ユーザーファーストの優れたサイクルの中、お互いのインパクトを一層高め合うハイパフォーマンスなダンスを共に踊っているのである。

この章のまとめ

- プロダクトとUXのどこで線引きをするかに、唯一の答えはない。

- しかしながら、どのチームも線引きが必要な仕事をしなければならない。

- 線引きはコラボレーションを妨げるものではなく、誰が何を決定するかを明らかにするためのもの。

- 統率のとれた優れたプロダクトチームは、衝突を回避することに努め、誰が何に責任を持つかについてチーム全体が納得のいく合意を得ている。

- 有害なプロダクトの現場では、自分が挑むべき戦いを選び、目標やメトリクスを定義して（同時に脱出作戦を計画し）、テコ入れのポイントを探す。

- UX はプロダクトに報告を上げる立場かもしれないが、足並みを揃えるためのコミュニケーションとコラボレーションは変わらず行われる。

- UX 出身のプロダクトマネージャーは、UX デザイナーではない。いつまでもデザイナー気分でいてはいけない。

- ハイブリッドな人は、プロダクトマネージャーでありUX 担当者でもある。まさに理想的なロールに聞こえるが、その実、二足の草鞋を履いてジャグリングをするようなものだ。

- プロダクトの人間とUX の人間が手と手を取り合い共に飛躍することは可能だ！

10

プロダクトロードマップと、
「ノー」の伝え方

「それはいいアイデアだね」。私は以前、巨大テック企業のイノベーションラボで働いていてヒューマンインタラクションに詳しい博士号取得者にそう言ったことがある。「それ気に入ったよ。でも、どうやってロードマップにするんだい?」

　プロダクトマネージャーがコントロールしているものの中で、自分にももっと発言権があればいいのにと思うものは何かとUXの人間に尋ねると、よく聞く答えが"ロードマップ"である。プロダクトマネージャーの同僚や一般のステークホルダーにとって、ロードマップは不透明で、彼らが望む機能やデザインをプロダクトに取り入れるのを妨げる、ランダムな暗号表のようにさえ思えるかもしれない。

　PMの上司にとっては、新たな機能の内容やリリース時期を確約するものであり、イライラや失望の元、期待を頻繁にリセットさせられる元凶でもある。

　プロダクトロードマップに関してテック企業の人間（プロダクトマネージャーを含む）が次のようなことを口にしているのをよく聞く。

- 「ロードマップはどこにあるの?」
- 「ロードマップはアップデートされている?」
- 「今はロードマップのどの辺?」

　ご存知の通り、ロードマップというのはメタファー（比喩）だ。でも、何のための比喩?　実際には何を意味している?　車は何を?　道は、目的地は、休憩所は?
　まずはあなたの車を路肩に停めて、この地図が本当は何を伝えようとしているのか、落ち着いて考えてみよう。

ロードマップの定義を明確にする

　ソングライターのモーズ・アリソンがかつて「Everybody's crying mercy, when they don't know the meaning of the word.（みんな慈悲を叫び求めるが、その慈悲の意味を誰も知らない）」という詞を書いていた。それと同じだ。誰もがロードマップについて語るのに、それが何で、何のためのものなのか、正確に理解している人はあまりいない。

ロードマップって何?
　この比喩が表すように、ロードマップとは今後の「道筋」の計画であり、プロダ

クトや機能やプロダクトラインをどの方向へ持っていきたいかを示す地図である。言ってみれば、「AAA（アメリカ自動車協会）」が今も提供している、昔ながらの「TripTik（トリップティック）」のようなものだ。トリップティックは、旅の目的地に到達するまでに利用する高速道路や一般道を中心にしたカスタムメイドのロードマップである（訳註：AAAは日本のJAFに相当する組織。かつてはオフィスへ出向き目的地を言えば、そこへ行き着くまでの道筋や周辺情報を盛り込んだ縦長の紙の地図帳をその場で作成してくれた。現在も頼めばハードコピーを作ってくれるが、アプリやウェブ上でのサービスも提供している）。

　では、このメタファーでいうところの目的地とは、何を意味するのだろう？　これがしばしば混乱の原因になる。プロダクトチーム内部の人間にとってロードマップは、今何を作り、次に作るもののために何を計画し、その後には何を計画するのかを特定する（そしてコンセンサスを得る）のに役立つツールだ。ロードマップを確認することで、それぞれの作業が最も重要な目標にフォーカスされているか、また進捗に遅れは出ていないかを追跡することができる。

　プロダクトチーム以外の人は、ほとんどの場合ロードマップをどの機能がいつ出荷されるかを確約する数ヶ月先、数年先までの計画表と捉えている。しかしこれは、彼らの危険な思い込みであり、プロダクトチームに終わりのないストレスを与え、外部のステークホルダーを同様にイラつかせたり失望させたりする原因になってしまう。

ロードマップはローンチ計画にあらず

　ロードマップを巡るコミュニケーションで一番困るのは、ステークホルダーがどうしてもロードマップをローンチ計画と解釈してしまうことだ。たとえば、手がけている料理アプリに「TikTokに投稿」という機能を第2四半期で追加することがロードマップに書かれていて、その機能が7月になってもリリースされていない場合、それを失敗と捉えて約束が破られたと考えてしまうのだ。

　彼らは、その機能を中心にローンチ計画やマーケティングキャンペーンを組んでいたかもしれない。次からはもう、そのPMの予測やコミットメントを信用しなくなるだろう。そして、「一度火傷したら二度目は用心」というやつで、リスクを最小限に抑えるために、機能リリースをサポートする投資を減らすようになるかもしれない。

　ちなみに、この問題の解決策は、営業チームやマーケティングチームと協力してリリースとローンチの実際的な計画を立てること、そしてその中には確実に出荷できる項目と約束できる日程だけを含めることだ。プロダクトロードマップをローンチ計画と

して扱ったり、ガントチャート（図10-1参照）とは違うと文句を言ったりする人がいたら、彼らが求めるものを提示するとともに、具体的な機能やリリースセットをスケジュール通りに出荷するためのプロジェクト計画は、ロードマップとは別物であることを相手が納得するまで説明するようにしよう。

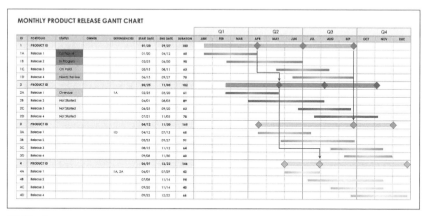

図 10 - 1
ステークホルダーがリリース計画表を求める場合は、このSmartsheetテンプレートのようなガントチャートを提示し、同時にこれはプロダクトロードマップではないことを明確に伝える。

 ## 実 現 可 能 な 水 平 線 : N o w - N e x t - L a t e r

　ローンチ計画は、クリティカルパス（欠かせない重要な作業工程を含めた最長経路）を逆算する形で日程を決めていく。PMはプロジェクトマネージャーの役割も担うことから、チームをローンチに向けて率い、計画通りに作業を進められるよう必要な部分はトリミングし、手遅れになる前に問題を見つけて解決するということを、自己裁量で行うことができる。最善のシナリオとして立てた計画と現実の進捗が噛み合わなくなってきた場合には、十分な余裕を持たせてチームに事前に警告をした上で、新しい日程を交渉する。

　これとは対照的に、ロードマップは今を起点に先を見越した計画表で、（主に）短期的から中期的な取り組みを優先するためのものだ。Now（今）、Next（次）、Later（その後）という3つの大まかな時間枠で区切るのが最適とされている。遠ざかるにつれ鮮明さが薄れる水平線のようなイメージだ（図10-2参照）。

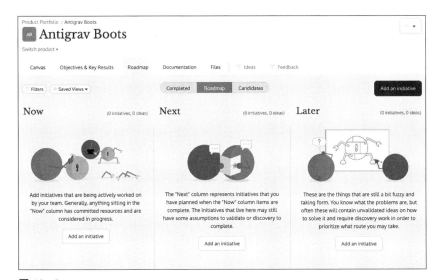

図 10 - 2
この空のプロダクトロードマップのテンプレート(ProdPadを使用)には3つの区画があり、それぞれに違う時間枠
(Now、Next、Later)が割り当てられている。

Now(今)

「Now」の区画にある項目は、今チームが実際に取り組んでいるタスクである。
通常これは、現在開発者が手がけていること、PMが書いているコード、リリースし
ようとしているもの(頭の中で「ぐるぐる考えているだけ」のアイデアではないことに注意)
などを意味する。

Next(次)

「Next」の区画は、野球で言うところの「ネクストバッターズサークル」である。こ
こに置かれるのは、今手がけていることが終わったら次に取り組みたいと思ってい
ることだ。さっきと言うことが違う!?　アイデアはアイデアにすぎないんじゃなかった
の?　確かにそうだ。しかし、ここに入るのは実現可能なアイデアであり、継続的な
複数のアイデアの一部として具体的なプロダクトや機能が対象となることもある。
　開発者は、時折プランニングやアイデア出しのセッションに技術的な洞察を提供
する以外は、「Next」に追加される項目に積極的に取り組む(あるいは取り組む準備
をする)ことはめったにない。一方で、プロダクトマネージャーとUXデザイナーはそ
うしたアイデア(またはその前段階)をステークホルダーと一緒に固めていくのが常で、

「Now」の区画に空きができるころには、開発者がそのアイデアにすぐに取り組めるように準備が整っている。

Later（その後）

「Later」の区画にあるものは、チームが完成させることを目指している重要なアイデアだが、実際に取り組む準備はまだできていない。現時点では推測の域を出ない項目であるか、「Now」の項目、または「Next」の一部の項目に時間がかかりすぎているためだ。この段階では、「Later」にあるアイデアをできる限り正確に捉えるだけでよく、リサーチやデザイン、アーキテクトに時間を費やす価値はまだない。「Next」の区画に空きができたら、チームはいよいよこれらのアイデアを深く掘り下げていける。

プロダクト戦略

"なんだ、何も難しいことはなさそうだな。だけど、それぞれの区画にはいったい何を入れればよいのだ?"あなたはそう思っているのではないだろうか。あるいは、答えはわかりきっているからと、そんな自問はしていないのかもしれない。"機能、でしょ?"と。残念、不正解だ。

プロダクトロードマップは、機能リストでは、ない。

機能（またはバグフィックス、実験、その他コードベースに追加するあらゆる変更）は、（仮の）解決策である。リサーチや設計や開発努力の結果だ。1つの機能をリリースしたあとに学ぶことは、構築、計測、学習のエンドレスなサイクルの中でリサーチに反映されていく。

だから、すぐに機能、機能とそればかりを考えて計画に落とし込もうとするのは間違いだ。特定のソリューションに足止めをくらってタスクを完了させられなくなるうえに、ステークホルダーに具体的な期待を持たせてしまい、結局は彼らがロードマップをリリース計画とみなすのを許すことになる。

では、ロードマップには何を書けばいい？　それは、アウトカムだ。テーマごとに整理され、会社の目標に段階的に近づいていく結果・成果である。

アウトカム

ロードマップに機能を書くべからず。盛り込むのはアウトカム、成果。つまり、生

み出したい状況である。たとえば次のようなこと。

- リテンションを倍にする。
- 顧客満足度を50%アップさせる。
- ほかの人とのコラボレーションの方法を増やしてほしいというユーザーの要望を叶える。
- パフォーマンスを向上させる。
- かつてアクティブユーザーだった人たちを再び呼び込む。

　ここで挙げたような（単なる例だが）アウトカムを達成するための戦略はいくらでも考えられるし、どの戦略にも試す価値のある戦術を複数思いつくことができる。その1つは、あなたが設計し、構築し、リリースする予定の機能かもしれないが、この時点で特定の“潜在的な”ソリューションに的を絞ってそれに固執する必要はない。まずは自分が希望する優良なアウトカムがどのようなものかをチームに説明し、そこへ行き着くための方法を彼らに考えてもらうのが好ましい。

テーマごとに整理する

　アウトカムを整理し関連付けるためのテーマをいくつか定義しておくと、物事の整合性が図れてバランスもよくなり、見た目にも把握しやすくなる。それによって、まったくのランダムなアウトカムの中から必要なものをふるい分けるという煩わしい作業を回避できる。また、テーマに関連した目標やイニシアチブが、複数四半期にわたる継続的な取り組みをいくつも必要とすることを認識するためのフレームワークにもなる。

　ロードマップに記入する項目を、プロダクトの特定領域や機能性に関連するもので構成したくなる気持ちはわかるが、たとえば「サインアップ」、「共有」、「プロフィール管理」などはテーマとは言わない。それらは、プロダクトの一部だ。このメタデータを追跡したり、またインデックスを作成したりソートしたりするのは構わないが、ロードマップの整理の仕方としては適切ではない。

　テーマは、ビジネス戦略（もし属しているのが非ビジネスセクターなら、その組織の包括的な戦略）の達成を目的としたプロダクト戦略で定義されている“関連目標”——たとえばユーザー成長、リテンション、収益目標、ネットワーク効果、行動パターンなど——の周辺事項であることが多い。

会社の目標に段階的に近づく

この入れ子構造の戦略が、プロダクトの整合性を図る鍵だ。長期的な目標、今年の、四半期の、半期の目標など、組織には数々の目標がある。したがって、組織内のプロダクトチームは、組織の目標達成の手助けをする責任を一部背負っている。

もしそれがプロダクト主導型の組織であれば、プロダクトチームが戦略全体のほとんどを率いているかもしれない。

リーダーシップレベルでは、プロダクトヘッドがほかの幹部たちと調整を行い、より大きな目標を達成するためにプロダクトチームが組織全体に対して確約できることについて交渉する。テック企業の多くは、OKR（Objectives and Key Results／目標と主要な成果）を以下のための枠組みとして使用している。

- 具体的な目標（基本的には最終目標やアウトカムに同じ）を明示する。
- 計測可能であり、目標の達成を立証または反証できる主要成果を特定する。あるいは、全体的ないし部分的に達成可能な目標の場合、目標の達成度合いを計測する。
- OKRを組織の上から下まで浸透させ、どのチーム目標も、そのチームや直属の上司にとっての主要成果を達成できるようにする。

ロードマップの全体または一部を所有する

もしあなたがプロダクトヘッドなら（おめでとう!）、おそらくロードマップ全体を所有しているだろう。もしプロダクトヘッド以外のプロダクト組織の人間なら、手にしているのはきっとその一部だけだ（経験の浅い若手であれば、もしかしたらロードマップのかけらも所有していないかもしれないが、少なくとも現在取り組んでいるプロダクトの部分的な計画の議論には参加できるはずだ）。

たとえば、規模の大きなプロダクト組織では、ロードマップのオーナーシップは次のような段階にレベル分けされている。

- CPOは、複数のプロダクトラインで構成されたプロダクトポートフォリオを所有。
- VPoPは、プロダクトライン部分を所有。
- プロダクトディレクターは、プロダクトライン内の特定プロダクト部分を所有。
- グループPMは、主要な機能性（オンボーディング、アドミニストレーション、コア

エクスペリエンスなど）の部分を所有。
- プロダクトマネージャーは、機能の部分を所有。
- プロダクトオーナーは、バックログを所有。

　事業向けテック企業以外では、区分やオーナーシップのレベルがここまで多いということはないにしても、概念的なレベル分けは組織の規模の大きさに関係なく存在する。

　このような大規模組織では、同じプロダクトと開発リソースを利用しようとする複数の事業ラインの全オーケストレーションを管理するために、プロダクトオペレーション（または「プロダクト組織」）に対する需要が高まり始めている。これだけでも、ロードマップの計画プロセスは複雑になってしまう。

　あなたがロードマップの少なくとも一部を所有するとしよう。あなたは、Now-Next-Laterの時間枠で物事を考え、プロダクト戦略の中の主要テーマに関してチーム内のすり合わせもできている。そして、バックログには、全部のテーマにおける重要なアウトカムを達成するための良いアイデアが無数に詰まっている。

　では、どのアイデアをどの時間枠に入れるのか、どうやって決めればいい？　そこで、優先順位付けの話だ。PMは、ステークホルダー全員に足並みを揃えてもらうために、責任を持って優先順位を決める必要がある。それは、難しい判断を直接下す権限を持たない場合でも同じだ。

　組織の要望やアイデアを明確で使い勝手の良いロードマップに落とし込むのはプロダクトチームの基本的な使命ではあるが、決して簡単なことではない。

優先順位付け

　プロダクトは単に機能とバグフィックスの塊というわけではないし、ロードマップもただの巨大なウィッシュリストではない。

　プロダクトマネジメントのプラクティスは、企業ブランドを象徴する顧客体験のあらゆるインプットや、その顧客体験に関わる全ステークホルダーとの結びつきの上に成り立っている。プロダクト担当者は、好機（とリスク）の比重を検討し、チームを前進させて価値の高いアウトカムを創出するためのコンセンサスを得るという、難しいが重要な責務を担っている。

　素晴らしいアイデア、新たな問題や未解決のままの課題、資金力豊富なパート

ナー、熱心な営業努力、ビジネスの流行、市場競争の敗退など、プロダクトマネージャーが考慮すべき課題はそこら中に溢れている。優れたアイデアがあまりに多いため、それぞれの機会費用や、それらのアイデアの多くに互換性がないという事実を考慮しないまま、一度にすべてを実行するのは不可能だ。たとえば、最優先事項は2つ持つことはできない。やらなくてはいけない重要事項はいくつあってもいいが、最優先で取り組めるのはそのうちの1つだけだ（でなければ、最優先事項は"2件"ではなく"0件"ということになる）。

　これらの優先事項、要望、良案、問題点などを互いに比較検討することは、ビジネスのどの段階でも行われるプロダクトの基本プラクティスである。最終的に、経営陣の中でプロダクトについて発言できる誰かが、プロダクト組織全体もしくは組織の取り組みが何に焦点を当て、何に対して資金を得るか、誰を雇用しどう人員をそろえるかなどの決断を下す。

　プロダクトリーダーは、プロダクトロードマップと運営計画をもとにビジネス戦略を打ち立て対応する必要がある。プロダクトの担当者は、何をリリースするか、次に何に取り組むか、バックログの順番をどうするか、どのバグを優先的に修正するかなど、難しい選択をしなくてはならない。

優先順位付けのメソッド

　優先順位付けは体系的に行うことが重要だ。どんな状況やコンテクストにもぴったり合う唯一無二の優先順位付けメソッドやプロセスや実用例などは存在しない。しかし、優れたアイデアは常にあり余るほどある。アウトカムに対してさまざまな考えや主張を持つステークホルダー全員を納得させ、彼らを尊重し真摯に対応するためには、透明性の高いオープンな手法で優先順位を検討し評価するのがベストである。

　アイデアを実践するために必要な労力（かかる工数／エフォート）と、それをすることによる潜在的な影響（インパクト）とを比較するというのが、最も一般的な優先順位の付け方だ。その一番単純な形として、各アイデアの工数の高低、次に影響度の高低で評価するというのがある。このアプローチを使えば、最初に取り掛かるべきものを大まかに選別できる。まずは影響度が高く工数が低いものから！　影響度が低く工数が高いのが優先されることは決してない。ほかの2つの組み合わせに関しては、より長期的で規模の大きな取り組みをバランスよく行うために、慎重に編成する必要がある。その種の取り組みは、簡単に実行できるが「針は振れない」、つまり目立った変化をもたらさない比較的小さなタスクや戦術的なタスクに対して、

非常に良い成果をもたらす可能性があるからだ。

影響度 vs. 工数（労力）マトリクス

このプロセスを進展させる次の段階としては、Ｔシャツのサイズ（Ｓ、Ｍ、Ｌなど）を見積もりに応用して、それぞれの尺度に別の観点を加えるというもの。最も一般的なのが、一面の壁状の図表にＸ軸とＹ軸を引いたものだ。このときＹ（縦）軸を影響度、Ｘ（横）軸を工数とする。どのアイデアの優先度分析にも同じロジックが当てはまる。高影響度・低工数の部分（左上）で最も原点から離れた位置に置かれたものから優先し、図表の真ん中の対角線上にくるものは時間をかけて精査する。

より複雑な意思決定を行う際には、RICE（Rearch：リーチ、Impact：影響度、Confidence：確度、Effort：労力）などのフレームワークを使用するといい。RICEモデルは、上記の単純モデルの労力（工数）と影響度のコンセプトを維持しつつ、アイデアへのリーチ状況（このアイデアはどの顧客にも常に影響を与えるのか？　新規ユーザーには？　既存ユーザーのサブセットに対してはどうだろう？　など）を観測するための変数や、ほかのアイデアと比較して、その見積もり（またはグループのコンセンサス）がどの程度信頼できるかを把握するための変数を与えてくれる。

この後者の要素は、RICEのような準代数的スコアリングモデルの主観性を検討するのに役立つが、皮肉にも、そうするためにもうひとつ別の主観的変数を導入することになる。

重要度 vs. 緊急度マトリクス

重要度／緊急度モデルは、アイゼンハワーマトリクスのコンセプトに基づいている。アイゼンハワーマトリクスとは、タスク、プロジェクト、目標を、まずは緊急か否か、次に重要か否かで分ける２×２のグリッド表である。この分析方法の大きな利点は、緊急性と重要性を混同してしまうのを防ぐところだ。

組織のどのレベルの人も、緊急性の高いものには反応せずにはいられない。たとえば、計画の急な中断、緊急事態、危機、締め切り、ローンチ日、宣伝スケジュール、四半期報告書など。緊急な優先事項を避けることはできないし、当然ながら、大半の緊急事項は対応する必要がある。しかし、緊急を要することのすべてが重要というわけではなく、どの緊急事項も即座に対処が必要というのではないことを心に留めておきたい。

さらに注意が必要なのは、重要なことであっても、期日が差し迫っているわけで

はなく、今現在何かを妨げているわけでもないために先送りにされている、緊急ではないものがたくさんあるということだ。そうなると、そうしたことがいつまでも解決されない危険性がある（あるいは、一刻の猶予もないほど緊急性が高まってからようやく対処されるということもある。いわゆる「火災発生時」だ）。

　この分析モデルは、長期的でゆっくりと進行するものを計画して必要なときに成果物を得られるようにスケジュールを組むことを提案するものだ。それにより、持続可能な実行プロセスというよりパニック発作に近い「110番通報」的なメソッドによるプランニングを回避できる。

　アイゼンハワーマトリクス（図10-3）は、緊急かつ重要なことは即座に実行し、緊急ではないが重要なことはいつまでに実行するかを決める（スケジュールを立てる）よう促してくれる。また、緊急ではあるが自分にとって直接的には重要でないことは人に任せ、気を配る必要を感じないような緊急でも重要でもないことは排除する（忘れる）ことを示唆している。

　この種の分析方法は、目的やアイデアを優先順位に大まかに分類するのに役立ち、無駄な努力や泥縄式の対応を最小限に抑える効果がある一方で、たいていのロードマップに必要な優先順位付けに対応するには粒度に欠けている。

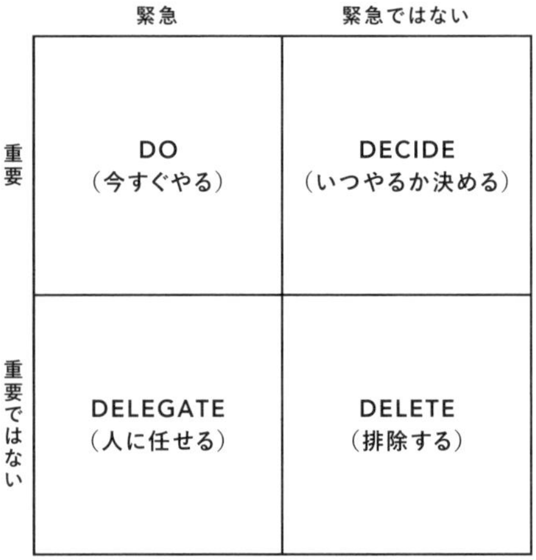

図 10 - 3
よく知られるアイゼンハワーマトリクス。重要でも今この瞬間にはまだ"火がついていない"事柄について、前もって計画を立てるのに有効である。

再び、影響度 vs. 工数マトリクスの話

　影響度と工数も、2 × 2 のグリッド表（ビジネスコンサルタントの中には、これを"魔法陣"と呼びたがる者もいるが）で比較できる。これは、プロダクトに関わるほぼすべて

の意思決定で根幹にあるトレードオフを考える際に有効なマトリクスで、各アイデアについて以下のことを検討するのに使える。

- これをすることによって、どれほどの価値が得られそうか？
- チームがこれを成し遂げるために、どれだけの工数が必要か？
- "これ"をすることにより、"あれ"をする時間がなくなる場合の機会費用はどれほどか？

影響度と工数を図表上にプロットすることで、これらの点が明確になる。場合によっては、特に大勢のステークホルダーを集めてワークショップ型のセッションを開催する際には、デカルト座標（X・Y軸）のプロットを用いて各項目を両方の基準でランク付けするほうがわかりやすい（図10-4参照）。

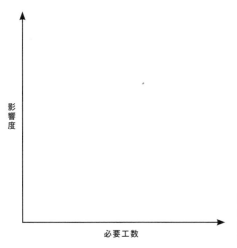

図 10 - 4
たくさんの項目を細かく比較したいときは、ホワイトボードに直交図を大きく描き、工数と潜在的な影響の度合いを示す座標位置に付箋を貼る。

ただし、基本的にはアイデアのペア間の相対的な工数や影響度を正確に見積もる必要はなく、各アイテムの工数と影響を「高い」か「低い」かのどちらかにざっくりと定義して、4分割した区画のうち相応するどれかに分類する（図10-5参照）。

影響度・高 工数・低	影響度・高 工数・高
影響度・低 工数・低	影響度・低 工数・高

図 10 - 5
アイデアを4つの区画に分類することで、高次の優先順位付けが可能になる。

アイデアを影響度／工数マトリクスで分類したあとは、アイゼンハワーマトリクスと同じように、4つのカテゴリーそれぞれに異なるアプローチを割り当てる（図10-6参照）。

影響度・高 **DO** （今すぐやる） 工数・低	影響度・高 **REVIEW** （見直す） 工数・高
影響度・低 **MAINTAIN** （維持する） 工数・低	影響度・低 **DELETE** （排除する） 工数・高

図 10 - 6
影響度が高く工数の低いアイデアから着手し、ほかのものは捨て置く！

1、影響度が高く工数が低いものは当然実行する。考えるまでもなく、優先リストの上位にくるアイテムだ。
2、一方で、影響度は高いが労力を多く必要とするアイデアは見直しを行う。全部はできないとしても、いくつかの項目には（アイゼンハワーマトリクスで

見る緊急ではない重要項目と同様に）労力を投資するべきである。

3、時間のあるときにメンテナンスや修正や、低工数・低影響度のアイテムに取り組み、基本的な品質管理を維持する。

4、若干の影響しか生み出さないのに多大な労力を必要とするものは即座に"排除"して、それ以上脳力とスプリントサイクルを無駄に使わない。

図10-7は、架空のプロダクトの影響 vs. 工数マトリクスでいくつかのアイデアを分類した例である。

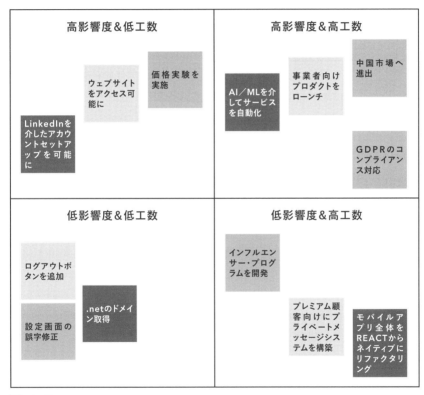

図 10 - 7
それぞれの四角い枠の中に何となく関係する項目の付箋が配置されている（影響度が高いものは縦方向に上へ、労力の大きいものは右方向に寄る）。正確な位置にはあまりこだわらなくてよい。

前述したように、工数の見積もりに便利なもう1つの大まかな並べ替えメソッド
が、Tシャツサイズ見積もりと呼ばれるものだ（小、中、大を意味するS、M、Lで表す
のが一般的だが、XS、XL、XXLまで拡張されることもある）。このメソッドは、スプリントを
計画するときには非常に効果的だが、2×2マトリクスで中度（M）の影響度と労
力が、たとえ境界線付近へ寄せたとしても、SかLのどちらかの区画に無理やり
入れ込まれることになる。

フレームワークの数は……無限大!?

　優先順位付けのフレームワークについて調べ始めればすぐに、その種類が無限
にあることがわかるだろう。その中には優れモノもたくさんある！　複数のアプロー
チに精通しておけば、さまざまなタイプの優先順位付けのシナリオ（チームは次のスプ
リントで何に取り組むべきか？　次の四半期では何に着手すべきか？　下半期のプロダクト目
標は？　といったこと）に適用できるツールキットを手に入れたも同然。既存のチーム
に参加した際には、一般的な方法であればすぐに適応できるという強みにもなる。

UX／プロダクトマネジメントの現場から

フレームワークでコミュニケーションを円滑に

マット・ルメイは次のように言う。「僕は、こうした優先順位付けのフレームワー
クをコミュニケーションのフレームワークとも考えている。フレームワークは完璧
な決断を下す助けにはならないかもしれないが、必ずしも完璧ではないその決断
に至った経緯を周りに伝えるのには役立つからね」

　ProdPadのアンドレア・サエーズがPMのためのオンラインコミュニティサイト、
Product HQに投稿した「What is the best framework to prioritize what to
work on next?（次に取り組むべきことの優先順位付けに最適なフレームワークとは?）」は、
優先順位付けの方法と、いつどのアプローチを使うべきかを知る方法についてわ
かりやすくまとめた概要を伝えている。彼女のアドバイスはこうだ。

　優先順位付けは、直線的なプロセスではありません。開発のさまざまな段階

で行われるものです。目指す目的の優先順を決め、解決すべき問題点を見つけ出し、異なるアイテムが望ましい成果をどうもたらすのかを知るためにディスカバリーを実施するのです。フレームワークは、情報を理解し、またそれを可視化し、会話や議論を促進するのに役立ちます。あなたの代わりに何かを決めてくれるものではないのです。

単純な影響度 vs. 工数マトリクスの次のステップとして優れているのが、先述したRICEフレームワークである。これは、影響度（Impact）vs. 工数（Effort）マトリクスに「リーチ（Reach）」と「確度（Confidence）」という2つの視点を加えたものだ。

- **リーチ**とは、機能や変更などのアイデアが潜在顧客に与える影響を意味する（第6章「プロダクトアナリティクス：成長、エンゲージメント、リテンション」で触れた実験パイプラインの優先順位付けツールにおけるトラフィックに似ている）。リーチを意識しておくと、アイデアを相互に比較し調整を図るのに役立つ（小規模なオーディエンスグループに与える大きな影響は、大規模なオーディエンスグループに与える小さな影響よりも、実際には大きくない可能性がある）。
- **確度**とは、自分やチームが出した潜在的なリーチ、影響、および労力（工数）の見積もりに、どの程度自信があるかをパーセンテージで表したものだ。このスコアが、証拠に裏付けられたアイデアの確度をさらに高める。

ロードマップにアイデアを追加し維持管理する

ところで、ロードマップはどうした？ 優先順位付けがすべて終わったら、今度はその結果をもとにアイデアを時間枠の中に配置する番だ。今取り組むべきこと、次に取り組むことのために準備すべきこと、そしてその後に向けて意識しておくべきことを把握するのである（図10-8参照）。

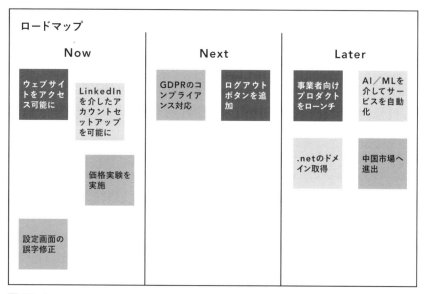

ロードマップ

| Now | Next | Later |

Now

ウェブサイトをアクセス可能に

LinkedInを介したアカウントセットアップを可能に

価格実験を実施

設定画面の誤字修正

Next

GDPRのコンプライアンス対応

ログアウトボタンを追加

Later

事業者向けプロダクトをローンチ

AI／MLを介してサービスを自動化

.netのドメイン取得

中国市場へ進出

図 10 - 8
架空のプロダクトチームのアイデアを配したテーマ別Now-Next-Laterロードマップ。

　プロダクトマネージャーの役目は、プロダクトロードマップのどこに何を置くかを提案することだ。PM（またはチーム）がロードマップを上層部に提示する際には、彼らの賛同を得られるものになっている必要がある。そうでなければ、「振り出し」に戻って一から練り直し、ということにもなりかねない。ロードマップは提案書であり、議論における立場を示すものでもあるのだ。

ロードマップがない場合

　初めてロードマップを作成する？　それはいい！　あなたは真っさらな状態だ。あらゆる情報源やシグナルからインプットを集め、それらを評価し優先順位を付けて賛同を得たら、すべてのステークホルダーに計画を説明する。よし、これでミッション完了！？

　とんでもない、これはほんの始まりだ。ロードマップを維持することが、PMの常日頃の責務なのだから。

ロードマップを最新に保つ

　ロードマップを作ったはいいがそのまま放置して、四半期が終わる頃、あるいは

幹部に更新を要求されたときにだけ、思い出したように見返すというのはよくある話だ。でも、それでは計画を立てた意味がない。ロードマップ（またはその一部）は定期的に見直しを行うことが大切だ。

- 月に一度（もしくはスプリントごとに）、ロードマップに照らしてチームの現時点の作業量を確認し、最も重要なコミットメントに確実に注意が払われているようにする。もしチームが計画にないことに時間を取られているようなら、その旨を上層部に報告しなくてはならない。計画にない仕事は断れという意味ではなく（受ければ「アジャイル」でなくなるのは確かだが）、ロードマップが現実から逸脱してしまい無意味なものにならないよう注意が必要である。代わりに、計画した作業と実際に行っている作業とのあいだに生じたギャップを議論にフィードバックすべき情報として扱い、期待をリセットし新たなトレードオフについて意図的な選択をするために利用する。
- 四半期ごとに、すべてのステークホルダーと共にロードマップの見直しを行い、何が完了したか、何が「Next」から「Now」に、また「Later」から「Next」に移動したか、そして「Later」に入れるために調査が必要な新しいアイデアは何かを確認する。

ステークホルダーの期待に対処する

　予定された機能やソリューション、もしくは修正を、チームが所定の期日までにリリースすることへの期待を避けることはできない。プロダクトマネージャーは、ロードマップがいくつかの時間枠で構成されていて、先に進めば進むほど必然的に不確かで推測の域を出ないものになることを伝える努力を尽くすべきである。それでも、ロードマップをガントチャートに間違われないようにどれだけ注意深く構成し提示したところで、ステークホルダーたちはローンチや次のリリースがいつになるのかを知りたがるだろう。

　テーマ別ロードマップがその問題を解決してくれるわけではない。

　ただし、対話の土台を作る助けにはなる。時間枠に沿ったNow-Next-Laterロードマップを提示したときに、ステークホルダーが「Next」の枠にある項目を指してチームがそれに着手するのはいつかと聞いてきたら、どう答えればいいだろう？

　そんなときは、それぞれの枠を大体の期間に当てはめてみるといい。次に挙げる例は、私が有効だと思うタイムラインである。

- **Now（今）**は、今現在の四半期。四半期のどの辺りにいるかにもよるが、およそ1〜3カ月の期間。
- **Next（次）**は、今四半期のあとの6カ月間。ここにある項目は、おそらくこの期間内に実現させられるが、具体的なことはわからない（この時点で、7〜9カ月分の計画をカバーすることになる）。
- **Later（その後）**は、Nextのあとの9カ月間。今四半期の開始時から数えると1年半ほどになる。18カ月以上先のことを計画するのは不可能であり、後半9カ月のこの時間枠に追加する項目は必然的に大まかな予定になる。そのため、ロードマップの見直しのたびに変更される可能性が高い。

このほか、プロダクトチームからどんな成果を予測できるかを知るための、最良の指針としてロードマップを見ている人たちの期待にうまく対処する最善の策は、ロードマップの更新や現状に関するレポートを、より大きな組織に対して定期的に提示することである。最低でも四半期に一度、自分のチームと直接隣接するチームにはさらに頻繁に公開することが好ましい。

『損益分岐物語』のエピローグ

第8章「お金を得る」でも話した通り、私がプロダクトチームを率いていたスタートアップ、7Cupsは、いくつかの収益実験を実施したのち、損益分岐点に達することができた。その後の7Cupsの物語がどうなったのか気になっているなら、この話にはまだ続きある。私の役目はここまでで終わったのだが、続きはこうだ。損益分岐点に到達した時点で、私たちの目の前には3本の道筋が伸びていた。

- **この先に道はなし**：損益分岐点に達した事業を実験基盤にする。
- **現状が最高**：主力サービスとその有料版の価値を高める。
- **当たって砕けろ**：革新的かつゲームの流れを一変するような、市場創造の機会を追求。

私たちは、2番目の道筋から始めることにした。このとき作成したロードマップで照準を定めたのは、提供するサービスの内容を引き締め、会員登録までの流れとサブスクリプションサービスの最適化を継続し、有料サービスの階層のスケール変

更を改善。そして最終的には、医療機関や保険会社と企業間取引を行うことで精神的なサポートを提供し、店頭での消費者間取引では達成できない広範なサービスの利点を得られる、より有利なポジションを確保することである。

　その道すがら、政府とのイノベーション契約が舞い込んできて、大躍進の機会を模索する第3の道に事業を向かわせることへの誘惑があった。

　残念ながら、私が退職した時期にそのアプローチは立ち消えになってしまった。私は最初の成功を広げるチャンスを逃したのではないかと気になっているが、結果的に現在のリーダーが第2の道に集中せざるを得なくなったことについては、良かったと思う。今でも私の中では、この2番目の方向性こそ勝ち組である。

断り方の美学

　優先順位を決める立場の人間にとって一番難しいのは、実際にその優先順位通りに作業を進めることだ。要求はとめどなく押し寄せる。ロードマップにあともう1つだけ、特別な新しいものを付け加えてくれという、心からの切実な要望が。自分よりも権力のある人からのリクエストもあるだろう。それに、一緒に仕事をしなければいけない人たちからの「提案」も、エンドレスに舞い込んでくる。しかし、彼らのアイデアを自分が決めた本来の優先事項よりも優先させることはしたくない（もしくは、できない）。

　横から入ってくるさまざまなプレッシャーに対処しながら作業を優先順位通りに進めていかなければならないPMは、板挟みになって大変である。自分がボスでないのなら尚のこと。それに、最高プロダクト責任者であっても、雇い主であるCEOや幹部の新しいアイデアを望む声に対して自分の意見を率直に伝え、優先順位を守らなければならない。

UX／プロダクトマネジメントの現場から

「イエス」に行き着くために

　マット・ルメイは反論として、この「ノーという美学」の危険な点を指摘した。「PMは、とにかく『ノー』と言いたがるばかりで、重要な情報を見逃していると僕は思う。『イエス』や『ノー』を言う前に、『なぜ』を問うのは大切なこと。幹部が新しいアイデアを持ってきたり、誰かが何かを覆そうとしたりするときは、その背景に必ず理由があるはずだ。その理由を理解するのが、PMの仕事なのだ」

誰に対して「ノー」を言わなければならないのか？

さまざまな場面で、以下のような幅広い潜在的なステークホルダーに対して、「ノー」と言う方法を見つけなければならないこともある。

- 顧客
- 事業パートナー
- アドバイザー
- 営業部、事業開発部、カスタマーサクセスチーム
- マーケティング部
- エンジニアリング部
- UX デザイナー（申し訳ない！）
- CEO

こうした人たちを無下に扱うわけにはいかない。かといって、彼らにひれ伏す必要はないし、せっかく練り上げた最善の計画（たいていの場合はそうだ）を邪魔させることもない。しかし、彼らに敬意を払う必要はある。

決定権を持つのは誰？

Boldstart Venturesのプロダクトリーダーで、現在は客員起業家を務めるエレン・チサは、プロダクト開発のさまざまな段階において、程度の差こそあれ、ロードマップに貢献する重要なインプットが4つあると指摘する（YouTubeの彼女の講演を参照[1]）。

1、**プロダクト**ビジョン
2、**ユーザー**からのフィードバック
3、**データ**からわかること
4、チームの仲間が出す**アイデア**（時間や労力に余裕がある限り）

一部のシナリオでは、この1番目のインプットは「CEOのビジョン」でもあるが、自己裁量を与えられたプロダクトチームでは、それはプロダクト戦略から生じるもの

---

[1]「Balance: Prioritizing Your Roadmap Across Product Stages」
www.youtube. com/watch?v=udobV6mIGjg

である。それでも、通常は CEO か同等の立場の人が関わっていて、企業の健全性と戦略の実行に関してその人物が最終的な責任を負うことから、ロードマップの少なくとも一部に口を挟む正当な権利が彼らにはあることを受け入れるのは恥ずべきことでも何でもない。

とはいえ、ボスに「ノー」と言うことも PM の仕事のうちだ。実際にそうするのは気分の良いことではないと思うが、理想としては、プレゼンテーションをするときまでに下位のステークホルダーを相手に「ノー」で落胆させる練習を何度もして、戦術を磨いておくことだ。

大体において、要求を上手に断るポイントは、相手にとっての価値観や要求の重要性を否定しないことである。そのための良いアプローチとして、次のようなものがある。

1、アドバイスをくれたことに対して、ステークホルダーに感謝する。
2、その提案について質問をする：どのような問題を解決しようとしているのか、あるいはどのような機会を利用しようとしているのか？　この機能ないしアイデアを提供することで期待されるアウトカムは何か？　それを実行しない場合にどんなリスクがあるのか？　この状況に対処するためのほかの方法は検討したのか？
3、問題領域をより深く調査・探究することを提案する。
4、「Now」の時間枠にある現在の上位優先事項を確認し、その項目が会社の戦略や具体的な目標や主要な成果にどう関係しているのかを把握する。
5、ステークホルダーから提示された新たな優先事項を追求するために、すでに提示され議論が交わされ賛同も得られたコミットメントのうち、どれを後回しにするかを尋ねる。ここで変更することは、すべてのステークホルダーによるレビューと再評価が必要だということを忘れないようにする。
6、提示されたアイデアの優先性を裏付けるデータを求め、すでに議論で勝ち取った自身の優先順位を主張するためのデータを用意する。
7、そして最後に、圧力に負けて追加アイデアの優先順位を上げるはめになった場合には、必ず成功指数を定義し、影響の大きさを測り、その斬新なアイデアから得られる成果と、それを実行するためにほかの項目の優先順位を下げたことによる影響を、最終的にステークホルダーに報告する。

ところで、ボスに押し付けられたアイデアが実は良いもので、結果的に彼らの考えが正しかったということもありえる。それもすべて、仕事の一部なのだ。

幹部陣が欲しいのは、「Aha!」

　もしあなたが、時間枠にアイテムを追加しながらアウトカム重視のテーマ別ロードマップを進めつつ、「ロードマップ」という名の下に機能やリリース日のリストを作らされることをうまく回避してこられたなら、このアプローチにはProdPadのようなプロダクトが最適だということが理解できるのではないか（ProdPadの設立者のひとりであるジャナ・バストウがこのアプローチを支持し、同世代のプロダクトマネージャーたちを同じ方向に向かわせたのは偶然ではない）。

　かといって、ステークホルダーが新しいアイテムの出荷日を知りたがっている事実は変わらないし、管理職タイプの人間がProdPadを使ったプレゼンを理解しづらいと感じる可能性は極めて高い。プロダクトのポートフォリオが複雑であるほど、そしてエグゼクティブたちがガントチャートのようなものを望めば望むほど、Aha!（図10-9参照）のような別のロードマッププロダクトを採用する（少なくとも「試用」してみる）必要に迫られるだろう。

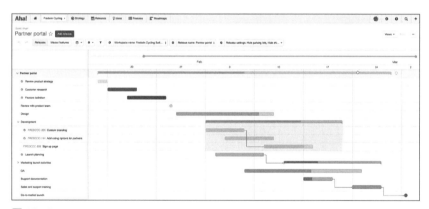

図 10 - 9
複雑なロードマップに取り組んでいて、それを複数の方法で共有する必要がある場合、Aha! のようなツールが助けになる（ただし、このツールを使うことで「リリース計画表 vs. ロードマップ」のバトルをまた繰り返すことになる可能性もある）。

Aha！は、ProdPadよりもはるかに多くの複雑な次元を提供する強力なツールである。このソフトウェアのプロダクト、プロジェクト、エピックなどのモデルは、誰のプロダクトタクソノミー（分類法）にも完璧に一致するとは限らないが、柔軟性があり複雑な環境にも適合させられるのが魅力だ。

また、ロードマップ全体を部門別のビューに分けて管理することもできる。たとえば、マーケティング部のスライドデッキや営業部のプレゼン資料などとして、強力なプレゼンテーション効果を持つバージョンを別途作成することも可能である。同時に、内部のメンテナンスや技術的負債、そのほかのあまりパッとしない優先事項もすべて含めた「全員で覗き込める」バージョンを社内用に維持して、より詳細な作業内容を共有できるのもいい。

理想を言えば、ツールにはあまりとらわれず、職場でその時々に普及しているソフトウェアやテンプレートを使って仕事を進められることが望ましい。自身がチームのボスであるか、あるいは独自のプロダクト組織を立ち上げようとしているのであれば、どのプロダクトオペレーションのツールがチームの素晴らしいポテンシャルを引き出せるのか、それを選択するというワクワクするタスクを担うことができる。

SaaSのPMの1日　　イアン・ジョンソン（Flow Commerce, Inc.）

―― どの分野のPMですか？

Eコマースです。

―― 所属する組織の成熟度（事業年数）や規模は？

4年目で、従業員の数は70人です。

―― あなたがプロダクトマネジメントを実践している環境がどのようなものか、教えてください。

SaaSプロダクトを提供するBtoBです。

―― 仕事の日は、1日をどのようにスタートしますか？

EメールとSlackのチャンネルをチェックすることから始めます。

―― そのあと、午前中いっぱいはどう過ごしますか？

業界の重要なレポートや顧客データに目を通しているか、臨時の要求に対応しているかです。

── 午前中の仕事終わりには何をしますか？

デイリースタンドアップをします。

── 昼休憩はいつ取りますか？

12時半ごろから。

── 午後は、最初に何をしますか？

ステークホルダーとのミーティングです。

── 緊急事態や予定にない仕事が発生したときには、どう対処していますか？

事態の深刻さを評価して、状況に応じて対処します。

── 午後の大半は何をしていますか？

ミーティングです。

── その日の仕事の締めくくりには何をしますか？

その日フォーカスしていた仕事を1、2時間かけて終わらせます。

── 夜も家で仕事をしますか？

ほぼ毎日しています。

この章のまとめ

- ロードマップとは、プロダクトチームが現在どのような目標に取り組んでいて、将来何を目標にする予定かを伝えるためのもの。

- ロードマップはローンチ計画にあらず。

- ロードマップは「今」、「次」、「その後」の3つの時間枠で管理するのがベスト。

- ロードマップは、テーマごとに整理された望ましいアウトカムに焦点を当てるべきで、欲しい機能やイラっとくることを延々と書き連ねたリストではない。

- プロダクトロードマップはプロダクト戦略を伝えるものであり、それ自体が組織のより大きな戦略を表現している。

- 組織内の役割によっては、ロードマップの全体を所有する人もいれば、一部しか持っていない人もいる。

- ロードマップを計画する際には、ビジョン、ユーザー、データ、チームメンバーから得るインプット（アイデア）を厳密かつ体系的に優先順位付けすることが必須。

- 自分が決めた優先順位の正当性を主張し、ロードマップへの賛同を得る。

- ロードマップは手入れを欠かさず、必要な情報を頻繁に追加する。優先順位や外部環境の変化に応じて、ステークホルダーに更新や変更を知らせることが肝心。

- 「ノー」と言う練習をする。

- それでも上層部に押し切られることがある。

- ロードマップは、必要とする人に合わせて複数の方法で提示できるようにしておくと便利だ。

11

情報アーキテクトの責任者

プロダクトチームの規模や組織内での位置付けにもよるが、チームのリーダーには
さまざまな肩書きがある。たとえば、最高プロダクト責任者（CPO）、プロダクト担
当バイスプレジデント（VPoP）、プロダクトマネジメントディレクター、さらにはグルー
ププロダクトマネージャー（GPM）なんていうものも。あるいは、肩書きを単に「プ
ロダクトヘッド（Head of Product）」として、正確な役職レベルを曖昧なままにする
場合もある。

　一部の組織では、プロダクトヘッドやCPOにデザイン担当の相棒が存在する。
最高体験責任者（CXO）、最高デザイン責任者（CDO）、UXヘッド、デザインヘッ
ドなどだ。しかし、この体制をとっている組織は（UX実践者にとっては残念なことに）
未だ例外の域を出ない。たいていの場合、UXもプロダクトマネジメントも最終的に
はプロダクトの責任者になる。

　したがって、もしあなたがUXの専門知識を土台にプロダクトマネジメントのキャ
リアを追求する道を選択した場合、昇進の階段はプロダクトのトップのポジションへ
伸びていく可能性が高い。そこへ辿り着いたとき、プロダクトマネージャーやほかの
専門職の人たち（データサイエンティスト、データアナリスト、カスタマーサクセススペシャリス
ト、そしておそらくはエンジニアも）に加えて、デザイナーを（再び）束ねている自分に
気づくだろう。

プロダクトヘッドの成功の秘訣

　インターネットが普及し始めたばかりのころ、今でいう"UX戦略"、"UXリサー
チ"、"UXデザイン"を担当する人は"情報アーキテクト（IA）"と呼ばれていた。時
が経ち新しい役割や肩書き（"インタラクションデザイナー"、"UXデザイナー"、"プロダクト
デザイナー"）が登場すると、IAの役割は段々と狭まっていき、ウェブサイトの「ナビ
ゲーションを何とかする」ことや、タクソノミー、オントロジー、シノニムリング（synset）
といった図書館学のスキルを必要とする情報中心の環境に限定されるようになった。

　しかしその過程で、情報アーキテクチャはそれ自体が、空間、具現化、情報、
ウェイファインディングといった概念について重要なことを伝える学問の一分野であ
ると認識が改められている。先の章で述べたように、システムをマッピングしてコン
セプトや意味を明らかにしたり、チームが実際に構築しているものに関する一貫した
イメージやストーリーを提供したりするIAは、プロダクトマネジメントのあらゆるレベル
で必要とされる非常に重要なスキルとなっている。

数年前、私がプロダクトの師匠と仰ぐマティ・シェインカーの下でAOLの再生を試みていたとき（AOLは結局Yahooに吸収され、Verizonによってプライベートエクイティ（PE）の大手に売却された）、私は彼に、スタッフの中に情報アーキテクトがいないのは驚きだと言ったことがあった。情報アーキテクトという役職は、そのときすでに人事システムから外されていたのだ。

マティは私を見てこう聞き返した。「じゃあ、1つの会社に何人IAが必要なんだい？」私は少し考えてから答えた。「少なくとも1人は」

この一件で、社内の誰かが情報アーキテクトの責任者になり、問題領域および機会領域や、より大きなシステムでのプロダクトの意義や目的をマッピングするという大変な仕事を引き受ける必要があると考えるようになった。

たとえ優秀なUXデザイナーやPMの多くが自分たちの手がける機能やプロジェクトの情報設計や構造について知的に考えていたとしても、プロダクトやポートフォリオ（訳註：会社の全プロダクトやサービスのこと、および、それらをまとめたカタログのこと）全体を通してこの仕事をする人が1人もいないという組織はたくさんある。業界全体で考えるなら、この役割を受け持つのはプロダクトの責任者である場合が多いようだ（ときにはデザインの責任者ということも、ないわけではない）。

誰かが高次なレベルでプロダクトの一貫性に責任を持たなければいけない。情報アーキテクトでコンサルタントでもあるホルヘ・アランゴは、2020年に彼がホストするポッドキャスト「The Informed Life」[1] で次のように話していた。

> この［プロダクトマネジメントの］フレームワークのどこに、そうしたもののあいだの一貫性を管理する場があるのでしょう？　特に、それがある種のエコシステムやプロダクトファミリーの一部であるなら尚更です。最終的には、どこかの段階で一貫性を得る必要があります……（中略）
> 一貫性が欠如しているプロダクトの例としてわかりやすいのが、Kindleです。私は本を読むのに長らくKindleを利用していて、使い方は熟知しています。そしてこのサービスを、3種類の異なるデバイスプラットフォームで利用しています。1つは専用のKindle（電子書籍）リーダー、もう1つはiPadかiPhoneのiOSデバイス、それからMacでもKindleを使います。でも、ナビゲーション

---

[1]「Christian Crumlish on Product Management」
https://theinformed.life/2020/03/01/episode-30-christian-crumlish/

の構造などが3つとも違っているのです。

　同じプロダクトのバージョン間にみるこの「一貫性の欠如<ruby>デ コ ヒ ー レ ン ス</ruby>」は、異なるプラットフォームや技術スタック、ユーザー基盤などから断片的に圧力がかかった結果だ。
　関連するプロダクトファミリー全体に一貫したパラダイムを強いたとしても、そこには自然と緊張感が生まれる。個々のチームは反論して、「でもうちのデバイスではそうはならない」とか「そうなるには理由がある」とか、「私たちのサブプラットフォームでは、いつもこうなっている。あなたたちは私たちを取り込んで、あなたたちの一部にしようとしている」とか言うかもしれない。
　あらゆるものが常に変化しているところでは、特に大規模な組織など、トップダウンで一貫性を確実にするのはほぼ不可能だ。しかし、プロダクトリーダーなら、複雑なシステムを徐々に調和させていくことができる。米大手ドラッグストア／ヘルスケア企業のCVSヘルスでIAを務めるドーン・ラッセルは次のように言う。

　デコヒーレンスは、組織構造や内部資金調達モデルでも発生すると思います。特に、同一ブランド下で多数の事業を展開する企業／プロダクトから生じるのです。たとえば、CVSヘルスでは、インフルエンザの予防接種を当社の薬局店内とクリニック（MinuteClinic）の両方で提供しています。同じ注射、同じトピック、同じ場所であっても、事業ラインは異なります。私たちには、これらの事業ラインの一貫性を保つために「全体を見る」情報アーキテクトの責任者がいないため、予防接種の予約方法が1つのドメインに2つ存在することになり、顧客にナビゲーションや理解の負担を負わせることになってしまいました。

　規模の大きな組織はどこも、分散型寄りになろうとするか中央集中型に向かうか、あるいはどちらかをすでに完了してもう一方を始めようとしているようだ。そうした組織は、分散型と集中型の最適な加減がわからず、その結果マトリックス組織ができあがる。チームは、ボスと現場リーダーの2人を上司にもつことになり、組織が再編された際にはどちらに先にレポートするかで混乱するということが起きる。残念ながら、このような組織的なひずみは、プロダクト体験にばらつきを与えることにもつながっている。
　プロダクトヘッドは、プロダクトの表現ごとに個々の体験を提供するのではなく、

プロダクト全体のUXを1つのものとして考えるのが理想的である。つまり、Kindle のUXでいうなら、Mac上のもの、Kindle端末上のもの、iOS上のもの、Android デバイス上のものというように、サイロ化されたチームで管理する別々の体験として 扱わないということだ。

　Kindleは単一のUXをもつべきであり、1つの大きなマップとして情報アーキテク チャを有するべきである。すべてはその情報設計を強調したり表現したりしたもので なくてはいけない。そのためには妥協が必要な部分も出るかもしれないが、より広 範にわたる統一感と一貫性が常に存在していることのほうが重要だ。プロダクトの リーダーシップの中にこの目標に集中して取り組む人がいなければ、プロダクト体験 にブレが生じてしまうのは不可避である。

ボスであれ

　UXの担当者は、長年「テーブルの席を得る」こと、つまりプロダクト開発に関 する議論に参加することを求めて戦ってきた。その過程でプロダクト中心の組織が 形作られ、UXの仕事のほとんどは最終的にプロダクト担当の誰かにレポートすると いう報告経路ができあがったようである。ボスと同じテーブルに着くには、プロダク トのリーダーにならなくてはと思わされてしまう。

　現在この状況は、いくつかの文脈である程度変わりつつある。プロダクトの人間 とUXデザインの人間が組織図の頂点で同胞として肩を並べる、デザインエグゼク ティブや組織が存在するようになった。しかし、どちらのシナリオでも、重要な役割 はすべてリーダーシップレベルに集中する。プロダクトとUXのどちらを代表してその 場に居合わせるとしても、同じテーブルを囲み、プロダクトや組織の戦略についての意思決定を共に行う。各自がそれぞれの専門知識とチームの能力を持ち寄り卓 上に並べるが、そこへ行き着くころにはどのドアから入ってきたかはそれほど重要で はなくなっている。

　それでもまだ、たいていの組織では、プロダクトとUXの共有領域のトップに立 つのはプロダクトの肩書きを持つ人間だ。だからといってキャリアの分かれ道でデザ インよりもプロダクトを選ぶ一番の理由にはならないが、一考には値するだろう。も しあなたの組織がプロダクトのリーダーシップを求めているなら、もしその組織にプ ロダクトロードマップをマッピングして明確化できる情報アーキテクトが必要なら、あ なたがそのボスになるチャンスなのでは？

ただし、一旦その頂に登り着き、テーブルに席を得てプロダクトの方向性について意見できる立場になったら、難しい決断のすべてがあなたのデスク上に置かれるようになることを覚悟しなくてはいけない。そうして、ほかの誰も気を配っていない問題ごとを思い出して、夜中の3時に目が覚めてしまうようになるのである（図11-1）。

図 11 - 1
願い事は慎重に！　プロダクトのボスになるということは、難解な問題やハイリスクな意思決定のすべてを引き受けるということだ。

UX／プロダクトマネジメントの現場から

エグゼクティブらしい話し方を身につける

ハリー・マックスは、プロダクトやUXのリーダーを多く指導してきたリーダーシップコンサルタントだ。彼は、経営幹部とのコミュニケーションが苦手なデザイナーは多いと指摘する。

「相手に真剣に取り合ってもらいたい、エグゼクティブと同じテーブルに着き対等に渡り合いたい、そう思っているなら、ビジネス言語を話せるようにならないといけません。利益を上げる話、資金を貯める話、無駄なコストを省く話もしないといけないでしょう。

ブランドの構築や、市場シェアの拡大、才能ある人材の発掘や維持、目標や目的の特定と追求、そしてその実行について意見を交わすこともあります。どうすれば日々進歩し続けられるかを考えて、自分のコミュニケーションの取り方について外側から見つめ直すことも必要です。

まずは、関わり合う相手の言語を話すことから始めるのです。営利目的の環境でビジネスとして対話をするのであれば、ビジネスの言語を使わなければなりません。公共向けの環境で話をしているのであれば、政策や有権者の言語を使い始めるべきです。

そうして人々の思考の中に入り込みます。UXの人たちなら、デザインや、ビジュアル、情報アーキテクチャ、ユーザビリティなどの言語を話すでしょう。リーダーは組織を1つの方向に導く方法を模索します。彼らは人に対して責任を持ち、プロジェクトに対して、そしてお金に対しても責任を担います。投資家であれ銀行家

であれ、それが誰であっても多くの有権者と関わりを持つことになるでしょう。

　話を聞くテクニックにも変化が必要です。より難しく観念的な話を理解できるようにならなくてはいけません。アクティブリスニング（積極的な傾聴）を超えた、“ディープリスニング”（共鳴・共感による深い傾聴）のスキルを習得することも大切です。

　あなたのランクが上がるほど、相手は会話を先に進めようと一層努力します。彼らはあなたと会話する中で、学びたいことを発見できるからです。つまりそれは、彼らがあなたに質問をしてきたら、自分が答えようと決めていた質問にではなく、彼らが知りたいことに答えなければならないということです。できる限り正確に答え、相手がどの方向へ話を持っていきたいのかをある程度予測し、その手助けを効率よくできるように心がけますが、物語を話すのではありません！

　長い前置きも言い訳じみた話も要りません。それは、彼らが言い訳を聞きたがらないからという意味ではなく（それでも、やはり言い訳は聞きたくないと思いますが）、彼らが本当に求めているのは有意義で興味深い何かをあなたから引き出すことだからです。その思いが、会話を促進するのです。

　また、的確な質問と回答、そしてディープリスニングができることも非常に重要です。これは、より責任のある立場と高い目標を目指すデザイナーに特に当てはまります。その理由は、彼らがその方面に優れていることをすでに期待されているからです。もしできなければ評価は下がってしまいます。

　要するに、こういうことです。自分は要求を明確にし、合意したことを受け入れそれを実行する立場にあるのか？　思考から対話、行動、決断、要求出し、合意に至るまで、スルーラインを引けて（一貫したテーマを持たせられて）いるか？その先で得るアウトカムがどのようなものか理解しているか？　つまり、成功とはどのような状態をいうのか、また自分自身やほかの人に対してどうすれば成功したことを明確にできるのか？

　暗黙の了解は、どうすれば避けられるでしょう？　『あのさ、このあいだ、〇〇について話しているときに、君が僕にやってほしいことがあると頼んできたでしょう？　僕はそれについて少し考える時間が欲しかったのだけど、君は僕がその仕事をやることを了解したと受け取ったんじゃないだろうか？　僕は君がその仕事をいつまでにやってほしいのかすら知らないのに』」

チームのサービスをプロダクトと
して組織内で販売する

　経験豊富な実務者が将来有望なUX実践者に与えられる確実なアドバイスの1つは、ユーザー中心のリサーチとデザインの本領を、インターフェースやソフトウェアプロダクト体験のデザインだけでなく、より多くの課題に適用することだ。

　あなたはこの協働的技術開発の世界で歩みを進めていくなかで、成功と失敗の分かれ目が、往々にして「ソフトスキル」やチームのパフォーマンス、対人力学にかかっているのであって、選択する技術スタックやナビゲーションのパラダイムはさほど問題ではないことに気が付くだろう。

UXの本領発揮！

プロダクトはイノベーションそのもの

　もしあなたが、UXを初めて取り入れる、あるいはそうすることに消極的な組織の中でUXを売り込まなければならなかった経験があるなら、傲慢な伝導精神が裏目に出たこともあるかもしれない。だが、ユーザー、つまり同僚のニーズを深く理解し、あなたの成果物やコミュニケーションの「ユーザビリティ」を評価し、喜びを得られ痛みを緩和し、真の問題を解決する体験（あなたと共に働くという体験）を作り出すことが、成功への道である。

　同じ「アドバイス」が、就職活動や面接の上達にも役に立つ。人々のニーズ、モチベーション、心配事、恐れを理解し、そうしたニーズに対処するためにデザインされた体験を作るため、持てる能力のすべてを発揮する。そして、あなたを「雇う」という体験に適用するのだ。あとは、それを繰り返すのみである。

　プロダクトマネジメントも同様で、「顧客」の満たされないニーズや要望に徹底的にこだわり、「市場」の需要に応えるソリューションを創造し、サービスを「プロダクト」として売り出すという取り組みは、取引を完了させたいと人々に思わせること以外の目標へと向かわせることができるのだ。

　たとえば、カリフォルニア州政府のデジタルイノベーション局は、デジタルソフトウェアプロダクトを構築しリリースしている。いくつかの例を挙げるなら、同局チームは同州新型コロナウイルス感染症対策サイト（covid19.ca.gov）（図11-2）や大麻認可当局の新しいサイト（cannabis.ca.gov）、州民の節水を支援する特別サイト（drought.ca.gov）などを構築した。

図 11 - 2
カリフォルニア州デジタル
イノベーション局（ODI）は、
covid19.ca.govというパン
デミック対策サイトを立ち上
げ、州民と政府関係者に最
新のガイダンスと情報を公
開する信頼のおける単一の
情報源を提供した。

この3つのウェブサイトは、商取引や消費者目標がないにもかかわらず（ただし、大麻サイトではライセンス申請が可能である）、ある意味で従来のプロダクトと考えることができる。州政府のイノベーションチームに与えられた重要な使命は、シンプルな言語で情報を伝え誰もがデータにアクセスできる、パフォーマンスが良くて使い勝手の優れたウェブサイトを州政府の全機関が制作できるようにすることだ。

この目標にとって、「プロダクト」とは有益なプラクティスといくつかのツールやサービス（デザインシステムやコンサルティングリソースなど）が組み合わさったものであり、「顧客」とは州政府内の隣接機関の同僚である。ここでもまた、サービスを提供する相手のニーズに応えようとするプロダクトマネジメントチームの強い好奇心、構築／計測／学習のサイクルを通じた迅速なイテレーション、そして思慮深いコミュニケーションとイラストレーションとストーリーテリングによって、組織内部の「市場」の需要に応えることができる。

正直、どのチームもこのプラクティスをある程度行うべきだと思う。自分たちのスキルや才能や提供できるものの価値について、同じ組織内のほかのチームやリーダーに売り込むのである。UXとプロダクトの本領は、外部市場だけでなく身近な環境にも照準を向けたときこそ、特に力を発揮するのだ。

コミュニケーションは意図的に過剰に

規模の大きな組織で足並みを揃えるには、コミュニケーションは基本中の基本だ。チームがする仕事は「判読可能」であること（読みやすく理解しやすいこと）、状況の変化を常に敏感に察知し期待を最新の状態に保つこと、そしてコミュニケーションをいつでも過剰なほど取ることが重要である。

たとえば、プロダクトチームのリーダーは、プロダクトロードマップのアップデート、現在進行中の作業の紹介、過去に出荷したものの成果の振り返り分析などを共有するために、定期的なケイデンスを計画する必要がある。

顧客の声を代弁してくれるパートナー

顧客と一定の距離を置きたがる組織があまりに多いのには驚かされる。たとえ顧客のサポートや顧客との交流に特化したチームを設けていたとしても、そうしたチームは組織のほかの部分から切り離され、貴重なリサーチ源としてではなくコストセンターとして扱われることが多い。外部との情報伝達を担う組織の重要な神経系として見られることは、まずあり得ない。

何年か前、Craigslist（クレイグスリスト）の創設者のクレイグ・ニューマークは、CEOになる代わりにカスタマーサポートに徹することを決めた。ニューマークは、事業者団体や企業のような集合体が本当の意味で学び進化する唯一の道は、外部シグナルからのフィードバックを、意思決定を行う組織中枢に直接届けることだと主張した。カスタマーサポートのプロたちに、ユーザーからの意見を報告し解決策を提案する裁量を持たせたのだ。

属する主流文化がどのようなものであれ、プロダクトのリーダーにとって、カスタマーサポートやカスタマーサクセスや、コミュニティマネージャーとのつながりを築くことが使命の一部となる。彼らは、プロダクトの顧客や支持者コミュニティが何を望み、何を必要としているのか、また何を話し、不満に思い、愛し、嫌い、傾倒しているのかに関する確かな洞察を提供することができる。

私が経験したプロダクトサクセスにも、カスタマーサポートやコミュニティマネージャーとの緊密なコラボレーションによってもたらされたものがある。彼らが持つ顧客の声へのアクセスと分析力を活用して、プロダクトの方向性をより深く詳細にイメージすることができたおかげだ。また、顧客の希望や意見を集め、顧客と初期のデザインスケッチを共有し、ベータ版の被験者を集め、プロダクトを宣伝してくれる支持者を募るなど、プロダクトを利用する顧客コミュニティから直接協力を得てくれたことも、成功の理由の一部である。

プロダクトチームを築く

プロダクトチームを率いる立場にいる人は、人材の採用と強いチーム構築の責任を担う。強力なプロダクト組織作りは、上に立つ人間の献身から始まる。そして今、あなたがその人物だ。

変化を受け入れるのは誰にとっても決して簡単なことではない。慣れ親しんだ古い習慣と新しい習慣が衝突するとき、摩擦が生じる。プロダクトのマインドセットをもつ高いリーダーシップは、ビジネスの形を変化させチームのメンバーをエンパワーメントするのに必要な要素ではあるが、十分ではない。

自分のプロダクトチームが発揮すべきスキルが何かを特定し、スキルのヒストグラム（第3章「プロダクトマネジメントにも応用できるUXスキル」でも説明したが）を作成して、チーム全体としてはまだ弱い重要領域を把握したら、その領域の水準を高められる人材を引き入れるのだ。同時に、現在ほかの役割を担っているプロダクト担当者に

も目を向けてみるといい。中には臨時参加の協力者としてあなたが成長させたいプロダクト文化の一部になる人もいるだろうし、キャリアチェンジを支えてくれるメンター的なリーダーのもとでプロダクトの道に進みたいと考えている有望な人材も見つかるかもしれない。

キャリアの移行を手助けする

　今までのスタッフが作り上げてきた「土壌」から新たにプロダクトチームを育てていきたいなら、これまで本書で取り上げてきたような能力や素質を備えた人材を見出すことが先決だ。それはエンジニアかもしれないし、デザイナー、マーケター、ビジネスアナリスト、プロジェクトマネージャー、営業担当者、あるいはカスタマーサポートスタッフかもしれない。

　あなたはプロダクトマネージャーとして、プロダクトのプラクティスを構築しているのであり、そのために必要な人間を雇わなければならない。会社全体がプロダクト組織として展開しているのであれば、ほかのロールの人たちもプロダクトに関与することをチームにきちんと説明することも大切だ。そして最後に、別の仕事領域からプロダクトマネジメントのロールに移行してくる人を歓迎し、彼らの能力を開花させるためのトレーニングやコーチング、メンターシップなどを提供するのもプロダクトマネージャーの役割であることを忘れないでほしい。

プロダクト担当バイスプレジデントの1日　ベノア・デリニュリ（Woolf Lab）

　── **あなたがプロダクトマネジメントを実践している環境はどのようなものか、教えてください。**
　　革新的で競争が激しい、成長著しい業界です。

　── **午前中の早い時間は何をしていますか？**
　　日の出とともに起き、20分ほど瞑想をしたあと用事を済ませ、筋トレ／サイクリング／ジョギングをし、30〜45分ほどウォーキングをしてから、在宅で仕事を始めます。

　── **仕事はどんなことから始めますか？**
　　30分ほど外を散歩しながらその日1日の計画を立て、問題の解決策を考えたり目標を定めたりします。

— そのあと、午前中の残りの時間はどう過ごしますか？

同じ日なんてありません！　ミーティングがとにかく多いのですが、できるだけ週の前半にスケジュールを組むようにしています。

月曜と火曜の午前中は、プロダクトチームの外部の人と重要なミーティングをすることが多いです。

水曜は「ノーミーティング・デイ」です。午前中は制作面の仕事に専念します（良いPMになるためには、会議で偉そうにしているだけではダメですからね）。

木曜は、採用面接をしたり、同僚とキャッチアップしたりします。

金曜は、上司とのミーティングの日です。私にとっては非常に重要なミーティングです。

— 午前中の仕事終わりには何をしますか？

午前の仕事時間は正午までと決めています。ランチミーティングはしない主義です。特に在宅で働いていますので、オンとオフをはっきり分けて休憩時間に仕事は持ち込まないようにしていますが、チームメンバーとのカジュアルなミーティングは大切な日課になっています。「ボナペティ！」と挨拶をして、日常のたわいもない話を共有するのが好きです。

— 昼休憩はいつ取りますか？

正午です。大体いつも、30分くらいで食事を済ませ、それから妻と散歩に出かけます（−30℃だろうと＋45℃だろうと必ず）。かけがえのない「ふたりの時間」です。

— 午後は、最初に何をしますか？

ほかのチームや顧客との主要ミーティングがいくつも入ります。通常、最初のミーティングは1時丁度に始まります。みんな、ランチのあとは生産性がグッと上がりますね。

— 緊急事態や予定にない仕事が発生したときには、どう対処していますか？

月曜を生産的に過ごすために、ミーティングは7〜12件までに留めて、そこでその週の重要な情報を集めるようにしています。また、新しい情報をもとに1週間の計画を立てることができるよう、追加のミーティングも月曜日に予定するようにしています。それ以外の日は、ミーティングは多くても4〜8件で、軽めのスケジュールです。水曜は「ノーミーティング・デー」なので、1週間が真ん中でいい感じに分かれてスケジュールにも少しゆとりができ、予定外の仕事に時間を割く余裕が持てます。

―― 午後の大半は何をしていますか？
　　私は朝型人間なので、午後はあまり生産性が上がりません。あと、単調で
　　退屈な仕事を午後に回しがちです。たとえば……

　　- レポートの作成
　　- 近況報告
　　- KPIの分析
　　- 書類の更新／フィードバックのイテレーション

―― その日の仕事の締めくくりには何をしますか？
　　午後5時きっかりに仕事を切り上げるようにしています。でも毎日とはいきま
　　せん。終業間際になると、特に私が上げたレポートについて、いろいろな
　　質問がきたり何かの会話が始まったりしがちなのです。また、緊急事態が
　　発生したときなどは、翌日に備えて一日の終わりに状況確認を行う必要が
　　あります。5時を過ぎても仕事をするのは、この2つの理由でのみです。

―― 夜も仕事をしますか？
　　先ほど言った通り、必要に応じてするときもあります。

自分のチームに投資する

　プロダクトマネージャーは、チームの手腕を向上させる方法を常に模索しなくては
ならない。プロダクト担当者は、本書全体を通して取り上げてきたスキルやテクニッ
クを習得する必要があり、PMはそれを支援する立場にある。チームを率いるリー
ダーとして、学習の機会やイベントや、トレーニングプログラムなどを設け、チームメ
ンバーのキャリアアップと専門能力開発の機会を提供することのできる運営システム
を導入すべきである。
　プロダクトに関するトレーニングは、プロダクトマネージャーの役職に就く人だけで
なく、興味を持った実務者全員に提供することが望ましい（図11-3）。職種に関わ
らず組織全体がプロダクト思考を育み、実践できるようにするのが目標だ。

図 11 - 3
Atlassianは年に1度、社内プロダクト実務者研修会を開催し、プロダクト開発に携わる人たちに学習の機会を提供するとともに、社内のコミュニティづくりにも取り組んでいる。

能 力 向 上 の た め の ク ロ ス ト レ ー ニ ン グ

　組織全体でプロダクトのスキルを広げ強化する確実な方法は、クロストレーニング（部門横断的な研修）だ。これをするためには、ほかの人たちが向上させたいと思うスキルをマスターしている人が、少なくとも1人は必要である。リテンションなどのプロダクト分析データを追跡し、それを改善するために体系的に取り組むことを例に考えてみる。

　このプラクティスを極めるために、習得可能なテクニックやスキルがいくつかある。

- 意味のある有効なデータを取得する。
- データをチャートやグラフ化し分析する。
- データの根拠になりそうな顧客の動向を把握するため、ディスカバリーに取り組む。
- 何が体験を改善できるかということについて仮説を立てる。
- 立てた仮説を検証するための実験に優先順位を付ける。
- 実験結果から学んだことを、ディスカバリーのプロセスにフィードバックする。

　若手であったり、上記の事柄に関する経験があまりなかったりするプロダクト担当者をクロストレーニングする一番の方法は、これらのタスクに秀でた経験豊富なプロダクト担当者とペアを組ませることである。重要なのは、研修者のほうが仕事を行うということ。知識と経験が豊富な人がノウハウを教えて指導をし、フィードバックを行うのである。

　短期的に見れば、タスクの完了には熟練者に任せた場合よりも多少時間がかか

るかもしれない。しかし、専門知識をチーム全体に浸透させることで得られるメリットは、この損失を上回るものであり、クロストレーニングが進めば進むほどチームの適応性は高まってアジャイルさも増す。そして、より柔軟に、より強い結束力で、状況の変化に対応できるようになるだろう。

誰かがリードしなければいけないなら
―― あなたの出番では？

覚えていてほしいのは、あなたがどの道を選ぶにせよ、所属する部門で行うすべての取り組みには、情報アーキテクトの責任を担う人が必要だということ。それはプロダクトヘッドかもしれないし、プロダクトヘッドの相棒となるデザイン担当者、あるいはデザインヘッドかもしれない。どちらの領域のトップであっても、その資格は十分にある。

この章のまとめ

- 情報アーキテクチャは、プロダクトのリーダーにとって特別な力になり得る。
- PMになろうと、プロダクトの世界でUXデザイナーを続けようと、ボスと同じテーブルに着くことは可能だ。
- プロダクトのリーダーとして、あなたが手がけるプロダクトの1つがあなたのチームであり、その顧客は同僚、市場はあなたの組織である。
- 仕事は判読可能に、コミュニケーションは意図的に過剰に。
- プロダクトのリーダーの役目は、より多くの才能を引き出すための支援を提供すること。
- ボスであれ。

索引

謝 辞

　本書を執筆するにあたり、文章面でも、また内容を発展させる面でも、過去数年にわたり実にたくさんの人が私を助けてくれた。Design in Product コミュニティ内で交わした1対1のチャットとスレッドでの会話の両方が、プロダクトに興味のあるUX実践者、デザインに敏感なプロダクトマネージャー、そしてユーザー中心のリサーチやデザインを基に確固たる基盤を築いているプロダクトリーダーなど、拡大を続けるプロダクト／UXプロフェッショナル層に、このような本がきっと響くと私に確信させてくれた。

　まずは、これまでに多くのすばらしいプロダクトの指導者、アドバイザー、聡明な仲間、相談役に恵まれたことを感謝したい。特に、クリスティーナ・ウォドキー、マティ・シェインカー、ジェイ・ザヴェリ、リッチ・ミロノフ、ローラ・クライン、エレン・チサ、マット・ルメイ、ハ・ファン、トム・カーウィン、そしてアンジェリカ・キラルテには大変世話になった。また、ケン・ノートンも、私のキャリアパスにおけるいくつかの重要な分岐点で、親身になって相談に乗ってくれた1人である。

　Yahooを通して知り合い、私に道を開き私の思想を形作ってくれた多くの仲間（エリン・マローン、ドレル・ラビノウィッツ、ラリー・コーネット、ブライス・グラス、ケント・ブリュースター、ナム・ニュエン、ハヴィ・ホフマン、ローリー・ヴォス、ほかにも大勢いるはずだが）にも大変感謝している。その中でも非常に大きな存在として尊敬を集めていたビル・W・スコットを最近失ったことは、とても残念である。メンターであり良き友人であった彼との別れを、ネット上の多くの人がどれだけ惜しんでいることだろう。

　ジェフ・ラッシュ、クリス・バウム、ジェフ・ゴーセルフ、ジョシュ・セイデンはみんな、私がプロダクトマネジメントのリーダーへと成長するための大事な局面でいつも助けてくれた。

　ビビアナ・ヌネス、ノーリーン・ワイゼル、ピーター・ボースマ、マドンナリサ・チャン、ドーン・ラッセル、アリオナ・ユーギーナ、クレメント・カオ、マーヴィン・チャン、アナ・ジラルド＝ウィングラー、ハリー・マックス、B・ペイグルス＝マイナー、クリステン・ラミレス、サラ・メネフィー、ブレント・パルマー、マイケル・カリー、ジャネット・ブランクホースト、ベノア・デリニュリ、イアン・ジョンソン、ニコラス・デュラン、アダム・コナーを含め、たくさんの人が時間を割いて私のインタビューに応じ、またプロダクトマネージャーの1日のストーリーを共有してくれた。

Design in Productのコミュニティには、本書の初めの数章を読んでくれたり、アイデアやリソースを提供してくれたりした仲間が大勢いる（コミュニティには誰でも参加可能だ。是非 designinproduct.typeform.com/to/H4PqHsVE に立ち寄って、自己紹介してほしい）。ジェン・ダウンズ、ライアン・ラムゼイ、ボクダン・スタンチウ、フェリペ・デルガド、オースティン・ゴヴェラ、エリン・ストラトス、ブーン・シェリダン、シェルビー・バウワー、ジェイク・クラジェウスキー、クリス・チャンドラー、デヴィ・ラクロワ、ジョー・ホー、ジェッペ・クルーゼ、ブラッド・ピーターズ、レベッカ・バー、タニア・シュラッター、ルーカス・バーグストロム、ブライアン・ダーキン、イガ・ガブロンスカ、ヴィニッシュ・ガーグ、クリストファー・フィルキンス、（もし名前を挙げそびれている人がいたら、お詫びする）ご協力ありがとう。

　本書内に間違いや誤った判断があった場合は、すべて私個人の責任である。

　ローゼンフェルドメディア社は、UXのリサーチ、戦略、デザインを柱とした書籍を多数発信している私のお気に入りの出版社だ。この本の構想が彼らのカタログにフィットするかもしれないと気づいたときは、思わず興奮してしまった。2006年に初めて出席したIAサミットでルー・ローゼンフェルドを見かけ、すかさず自己紹介にいったことを今でも覚えている。こうして彼と同僚になり良き友人にもなれたことを、大変幸運に思う。彼のヒーローや友人たちと共に仕事をさせてもらえるとは、なんと贅沢なことだろう！

　ローゼンフェルドメディアで本書の制作に携わってくれた人たちの一流ぶりにも感動を覚える。カレン・コルベットは、すばらしいオペレーションマネージャーだ。アデリン・クライツ＝ムーアは、同社の精神と完全に調和したマーケティングアプローチを採用している。ジェイソン・シューラーの、ソーシャルメディアに対する思慮深くて好奇心旺盛なアプローチには感服しかない。ダニエル・フォスターは、まさに本のレイアウトの達人である。ページをパラパラとめくるだけで、私のミスを指摘できてしまうのだ。彼女はまた、私の落書きのようなイラストを、文章を完璧に補完する立派な画像や図表に変換してくれた。索引作り（マリリン・オーグスト）や校正（スー・ボッシャー）の作業の重要性は普段から見過ごされがちだが、これこそがこの質の高い読書体験を、そこらへんの無料で入手できる類のものとは一線を画す要素にほかならない。おふたりに感謝！

　本書（原書『Product Management for UX people』）のカバーアートもまたすばらしい。これは Heads of State によるものだ。フルサイズのプリントを額に入れて部屋に飾りたいくらいだ！

私の編集者、マータ・ジャスタックは、まさしくゴールドスタンダードだ。彼女が設定する水準はとても高い。著者の声にこれほど寄り添い、必要なときには励まし、行き詰まったら背中を押してくれる編集者に、それまで会ったことがなかった。漠然としたアイデアの寄せ集めだった文書の束が彼女の手によって洗練された物語へと変身し、今あなたが手にしている一冊の本になっていく様子を、私は文字通り目の当たりにした。彼女に担当してもらう作家はみんな、大変な幸せ者である。

著者紹介

クリスチャン・クラムリッシュ　Christian Crumlish

Design in ProductのプロダクトおよびUXリーダーシップコンサルタントで、プロダクト／UXコミュニティも主催。現在はCOVID19.CA.GOVのプロダクトマネジメントを率い、カリフォルニア州のデジタルイノベーション局でGovTechプロダクトの開発・運営に関するコンサルティングを行っている。また、Code for AmericaとStarXのメンターであり、ローゼンフェルドメディアのエキスパート・ネットワークのフェローメンバーでもある。ニュージャージー州のプリンストン大学で哲学の学位を取得し、首席で卒業。

前職は、7 Cupsのプロダクト担当バイスプレジデントだった。2016年には、スタンフォード大学傘下のインキュベーションセンターが主催するStanford Medicine Xプライズの医療システムデザイン部門で賞を受賞。2019年の世界経済フォーラムでは、パイオニアに選出された。また、毎月開催されるBayCHIプログラムの共同主催者であり、元CloudOnプロダクト担当シニアディレクター、元AOL（AIM）メッセージングプロダクト担当ディレクター、Yahooデザインパターンライブラリの最後のキュレーター、そして、残念ながら解散してしまったInformation Architecture Instituteのディレクターを2期務めた経歴を持つ。

著書に、『超多忙族御用達インターネット』（ソフトバンククリエイティブ、1996年）、『The Power of Many』、共著に『Designing Social Interfaces』がある。妻のブリッグス・ニスベットと、増え続けるウクレレのコレクションと共に、カリフォルニア州パロアルトで暮らしている。

監訳者紹介

及川卓也　おいかわ・たくや

Tably株式会社代表。グローバルハイテク企業でソフトウェア開発に従事した経験を活かし、スタートアップ企業から大企業に至るさまざまな組織への技術アドバイス、開発組織づくり、プロダクト戦略支援を行う。著者に『ソフトウェア・ファースト』（日経BP）、『プロダクトマネジメントのすべて』（翔泳社）など。

訳者紹介

ヤナガワ智予　やながわ・ともよ

1995年に渡加。ブリティッシュコロンビア州立大学で英文学、社会人類学、民俗学を学ぶ。その後バンクーバーの英日翻訳・通訳者養成学校を卒業。訳書に『スモールビジネス・グラフィック』（ビー・エヌ・エヌ）、『The Art of Game of Thrones』（ホビージャパン）、『まだ見ぬソール・ライター』『世界のアーティスト250人の部屋』（青幻舎）、『MARVEL BY DESIGN マーベル・コミックスのデザイン』（玄光社）など。

UX実践者のための
プロダクトマネジメント入門

2024年5月15日　初版第1刷発行

著者 ／ クリスチャン・クラムリッシュ

監訳 ／ 及川卓也
翻訳 ／ ヤナガワ智予

発行人 ／ 上原哲郎
発行所 ／ 株式会社ビー・エヌ・エヌ
　　　　　〒150-0022　東京都渋谷区恵比寿南一丁目20番6号
　　　　　FAX: 03-5725-1511　E-mail: info@bnn.co.jp
　　　　　URL: www.bnn.co.jp

印刷・製本 ／ シナノ印刷株式会社

翻訳協力 ／ 株式会社トランネット（www.trannet.co.jp）
版権コーディネート ／ 株式会社日本ユニ・エージェンシー
日本語版デザイン ／ 上坊菜々子
日本語版レイアウト ／ 平野雅彦
日本語版編集協力／西山夏樹
日本語版編集 ／ 伊藤千紗、村田純一

ISBN978-4-8025-1296-1
Printed in Japan